● 電子・通信工学 ●
EKR-5

回路とシステム論の基礎
電気回路論と通信理論

荒木純道

数理工学社

編者のことば

　我が国の基幹技術の一つにエレクトロニクスやネットワークを中心とした電子通信技術がある．この広範な技術分野における進展は世界中いたるところで絶え間なく進められており，またそれらの技術は日々利用しているPCや携帯電話，インターネットなどを中核的に支えている技術であり，それらを通じて我々の社会構造そのものが大きく変わろうとしている．
　そしてダイナミックに発展を遂げている電子通信技術を，これからの若い世代の学生諸君やさらには研究者，技術者に伝えそして次世代の人材を育てていくためには時代に即応し現代的視点から，体系立てて構成されたライブラリというものの存在が不可欠である．
　そこで今回我々はこうした観点から新たなライブラリを刊行することにした．まず全体をI. 基礎とII. 基幹とIII. 応用とから構成することにした．
　I. 基礎では電気系諸技術の基礎となる，電気回路と電磁気学，さらにはそこで用いられる数学的手法を取り上げた．
　次にII. 基幹では計測，制御，信号処理，論理回路，通信理論，物性，材料などを掘り下げることにした．
　最後にIII. 応用では集積回路，光伝送，電力システム，ネットワーク，音響，暗号などの最新の様々な話題と技術を噛み砕いて平易に説明することを試みている．
　これからも電子通信工学技術は我々に夢と希望を与え続けてくれるはずである．我々はこの魅力的で重要な技術分野の適切な道標に，本ライブラリが必ずなってくれると固く信じてやまない．
　　　2011年3月

編者　荒木純道
國枝博昭

「電子・通信工学」書目一覧

I. 基礎

1. 電気電子基礎
2. 電磁気学
3. 電気回路通論
4. フーリエ解析とラプラス変換

II. 基幹

5. 回路とシステム論の基礎
6. 電気電子計測
7. 論理回路
8. 通信理論
9. 信号処理
10. ディジタル通信の基礎
11. 制御工学の基礎
12. 電子量子力学
13. 電気電子物性工学
14. 電気電子材料

III. 応用

15. パワーエレクトロニクス
16. 電力システム工学
17. 光伝送工学
18. 電磁波工学入門
19. アナログ電子回路入門
20. ディジタル集積回路
21. 音響振動
22. 暗号理論
23. ネットワーク工学

まえがき

　21世紀に入って起きた大きな出来事はインターネットと携帯電話の爆発的な普及と進展であろう．このことはある意味で人類社会の仕組みを変えるような劇的なパラダイムシフトと考えられる．そしてその技術を支える基礎理論が電気回路論と通信理論である．

　この本では回路理論と通信システム理論を著者の視点から眺め直し再構築したものである．そのため従来の教科書では見過ごされてきた事項や一見無関係に思われる主題間の内的連関を記述しているので，初めは若干取っつきにくい感じがするかもしれない．しかし，ここで取り上げたテーマはいずれも電気回路論と通信理論の重要な内容を含んでいると著者は信じている．

　最後に本の執筆を長い間献身的に支えてくれた亡き妻 眞弓と亡き娘 真衣にこの本を捧げたい．二人の温かい励ましがなかったならば，この本は決して世に出ることはなかったであろう．

　　2019年1月

荒木純道

目　　次

第1章
はじめに　　1
   1.1　回路論の基礎 ………………………………………… 2
   1.2　回路のポート数 ……………………………………… 3
   1.3　連続時間系と離散時間系 …………………………… 5
   1.4　回路の種類と諸性質 ………………………………… 8
   1 章 の 問 題 ……………………………………………… 10

第2章
回路の基本特性　　11
   2.1　回路次元と回路素子数 ……………………………… 12
   2.2　動作変数と回路保存量 ……………………………… 13
   2.3　因果性と受動性 ……………………………………… 16
   2 章 の 問 題 ……………………………………………… 18

第3章
回路と信号の表現法　　19
   3.1　回路の表現 …………………………………………… 20
   3.2　可逆性と非可逆性 …………………………………… 22
   3.3　確定系と確率系 ……………………………………… 24
   3.4　シグナルフローグラフ ……………………………… 27
   3 章 の 問 題 ……………………………………………… 31

第4章

連続時間系時不変線形回路とは　33
- 4.1 インパルス応答関数　34
- 4.2 伝達関数と相互相関関数　36
- 4.3 回路解析の入門　38
- 4章の問題　44

第5章

時不変線形回路の諸定理　45
- 5.1 電源移動定理と有能電力　46
- 5.2 フォスターの定理　49
- 5.3 無限周期回路　51
- 5.4 回路不変量　54
- 5章の問題　55

第6章

回路設計の入門　57
- 6.1 回路設計と周波数変換　58
- 6.2 ウィナーフィルタ　65
- 6.3 非励振問題と並列共振回路　68
- 6.4 複共振回路　71
- 6章の問題　74

第7章

回路設計の関連事項　75
- 7.1 励振問題　76
- 7.2 双1次変換とスミスチャート　78
- 7.3 差動回路　82
- 7.4 変成器と全域通過回路　84
- 7章の問題　85

第 8 章

周期時変線形回路　　　　　　　　　　　　　　　　　　　　87

- 8.1　無線伝送チャンネル …………………………………… 88
- 8.2　イメージ抑圧フィルタ ………………………………… 92
- 8.3　巡 回 行 列 ……………………………………………… 94
- 8 章 の 問 題 ………………………………………………… 95

第 9 章

離散時間系回路　　　　　　　　　　　　　　　　　　　　　97

- 9.1　離散時間系とは ………………………………………… 98
- 9.2　離散時間フィルタ ……………………………………… 99
- 9.3　デジタルフィルタの関連事項 ………………………… 100
- 9.4　畳み込み符号の符号語数分布 ………………………… 101
- 9 章 の 問 題 ………………………………………………… 102

第 10 章

自律系と非線形回路　　　　　　　　　　　　　　　　　　 103

- 10.1　自律系と発振器 ………………………………………… 104
- 10.2　非線形性を有する電力増幅回路 ……………………… 108
- 10 章 の 問 題 ……………………………………………… 117

第 11 章

分布定数回路　　　　　　　　　　　　　　　　　　　　　119

- 11.1　分布定数回路 …………………………………………… 120
- 11.2　ハイブリッド回路 ……………………………………… 126
- 11.3　全 2 重通信とブランチライン ………………………… 135
- 11 章 の 問 題 ……………………………………………… 142

第12章
信号の確率過程と信号処理システム　143
　　12.1　確率過程としての熱雑音 …………………………………144
　　12.2　信号処理とシステム ……………………………………146
　　12.3　バトラーマトリックスとその応用 ……………………147
　　　12章の問題 ……………………………………………………158

第13章
システム同定と等化　159
　　13.1　等化処理とは …………………………………………160
　　13.2　TRL回路校正 …………………………………………163
　　　13章の問題 ……………………………………………………164

問 題 解 答　165

あ と が き　177

索　　引　178

第1章

はじめに

> 立派な高潔な行動をする人はだれでも
> ただそれだけで不幸に堪えうるものだ
> ということを私は証明したいと思います.
> ——ベートーヴェン
> 「ヴィーン市庁宛の書簡より」(1819年)

　以下の書き物は,祖父世代の著者(執筆当時69歳)が孫世代の学生(20歳前後)に贈るメッセージとして受け取ってください.

　本書では携帯電話で使われている無線機などの電気回路と情報通信に関するシステムを中心的な話題にして回路とシステムに関する基礎的事項を整理し説明していく.

1.1 回路論の基礎
1.2 回路のポート数
1.3 連続時間系と離散時間系
1.4 回路の種類と諸性質

1.1 回路論の基礎

まず初めに連続時間系での**時不変線形集中定数回路**を取り上げる．なお電気回路の時不変性とは，入力信号と内部状態や出力信号との関係を決めている回路のダイナミックス自体は時間と共に変化することはないことを意味している．勿論，電圧や電流などの回路の動作量（信号と呼ぶこともある）は時間と共に変化していく．そして動作量は全ての時刻で定義された関数とする．また集中定数回路とは取り扱っている信号の波長に比べて十分小さい回路素子を有限個結線したもので回路が構成されていることを意味している．さらに全ての素子で線形性が得られているとする．なお線形性とは入力信号を定数倍した場合，出力信号も同じだけ定数倍されることと，同時に2通りの異なる入力信号を与えた場合，それぞれの出力信号の和になることである（詳しくは1.4.3項を参照されたい）．

この時不変線形集中定数回路は回路動作が最も簡単であり，その後の様々な発展系（連続時間系 → 離散時間系 (1.3節)，線形 → 非線形 (1.4.3項)，集中定数 → 分布定数 (2.1.2項)，他励系 → 自励系 (1.2.2項)，有限次元系 → 無限次元系 (2.1.1項)，確定系 → 確率系 (3.3節)）の基礎になる．ここでの重要な概念は**伝達関数**である．この量は周波数領域で定義された関数となり，入出力特性を集約的に表現している．また意外なことに誤り訂正符号の解析設計でも伝達関数の考え方は符号語数の計算などで重要な役割を果たすことを後程示そう（3.4節）．

1.2 回路のポート数

1.2.1 入出力ポートと内部状態変数

一般に回路は信号やデータをやり取りする**ポート**と呼ばれる出入り口を持っていて，ポートを介して外界と情報やエネルギーのやり取りをする．ただし，ポートは入口専用，出口専用とは限らない．つまり入力信号も出力信号も物理的には同一のポートを通過していく場合もある．そして回路・システムには**内部状態変数**と呼ばれる物理量（もしくはアルゴリズムで規定される数値的論理的な量）が存在する．なおポートは物理的明示的に定義できる場合もある．一方，電磁界分布が空間的に拡がりを持った**マイクロ波回路**では**固有モード**というその構造に合致した特別な空間分布を持ったものに基づいて等価的仮想的にポートが定義される場合もある．

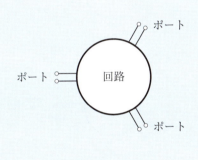

図 1.1　回路とポート

1.2.2 他励系と自励系

普通の回路は入力ポートを有し，入力信号が取り込まれ回路ダイナミックスの影響を受けてから出力信号として取り出される．これを**他励系**と呼ぶ．例えば**フィルタ**などがその典型例である．なおフィルタには連続時間系のアナログフィルタと離散時間系のデジタルフィルタがある．

一方，入力ポートを持たずに内部状態変数と出力ポートだけからなる回路もあり，これを**自励系**もしくは**自律系**と呼ぶ．**発振回路**などがこれに相当する．安定した発振条件や発振モードの品質，発振モードの遷移・ジャンプなどが自励系回路特性の主たる議論の対象となる．

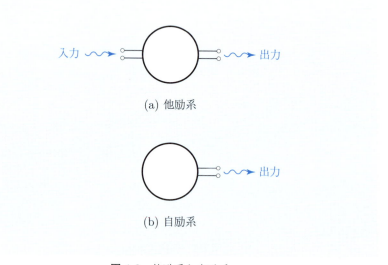

図 1.2 他励系と自励系

1.3 連続時間系と離散時間系

入出力信号や内部状態変数が連続時間で定義されている回路を**連続時間系回路**と呼び，一定時間間隔の**時系列**で定義されている回路を**離散時間系回路**と呼ぶ．連続時間系では**フーリエ（Fourier）変換**が，また離散時間系では z **変換**が回路解析上の重要な数学的道具になる．離散時間系回路の代表例が**スイッチドサンプリングフィルタ**である．そして時系列の**サンプリング間隔**を変えると回路特性が変わるという特長があり，リコンフィギアラビリティ（**可変性**）の有力な手段になっている．

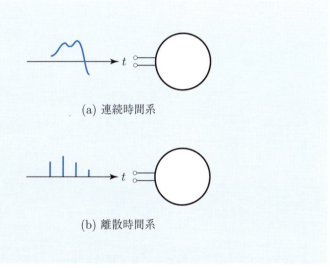

図 1.3 連続時間系と離散時間系

離散時間系では内部状態変数は入力信号と 1 時刻前の内部状態変数の値で更新される．また連続時間系では入力信号と同じ時刻の内部状態変数の値で内部状態変数の時間微分係数が与えられる．一方，出力信号は入力信号と内部状態変数で与えられる．なお内部状態変数を持たない回路を**無記憶性回路**と呼ぶ．抵抗だけで構成されている回路や理想変成器網がその具体例である．いずれにしろ，こうした無記憶性回路にはエネルギーを蓄える素子がないことに気が付く．さらに付言すると離散時間で定義された信号には 2 種類あることがわかる．つ

まり信号値がアナログ的な連続値の場合と離散的な数値情報の場合である．後者の場合では AD コンバータ（アナログ的な連続値から離散的な数値へ変換）や DA コンバータ（逆に離散的な数値からアナログ的な連続値へ変換）が重要な役割を担う．なお普通デジタルフィルタと言った場合は離散的な数値からなる信号を用いている．

コラム（フーリエ級数とフーリエ積分）

　定義域が有限な場合，表現すべき関数は可算無限個の項数の級数で展開される．その典型例がフーリエ級数である．一方，定義域が無限の場合は非可算無限個のパラメタを用いた積分で表現される．そしてその例がフーリエ積分である．

準備：

$$\delta(ax) = \frac{\delta(x)}{|a|}, \quad f(x)\delta(x-a) = f(a)\delta(x-a)$$

$$\sum_{n=-\infty}^{\infty} \delta(x+nT) = \sum_{m=-\infty}^{\infty} \frac{\exp(jm\frac{2\pi x}{T})}{T}$$

　同様に

1.3 連続時間系と離散時間系

$$\sum_{n=-\infty}^{\infty} \delta\left(x+\frac{n}{T}\right) = T \sum_{m=-\infty}^{\infty} \exp(jm2\pi xT)$$

$f(x)$：1 区間（$|x|<\frac{T}{2}$）だけで定義された関数で区間外では 0

$$g(x) = \sum_{n=-\infty}^{\infty} f(x+nT) \quad : 周期\,T\,の周期関数\,(-\infty<x<\infty\,が定義域)$$

$$= \sum_{m=-\infty}^{\infty} C_m \exp\left(j\frac{2\pi mx}{T}\right) \quad : フーリエ級数$$

ただし $C_m = \int_{-\frac{T}{2}}^{\frac{T}{2}} f(x)\exp(-j\frac{2\pi mx}{T})\frac{dx}{T}$

$$G(\nu) = \int_{-\infty}^{\infty} g(x)\exp(-j2\pi\nu x)dx \quad : g(x)\,のフーリエ変換$$

$$= \sum_{n=-\infty}^{\infty} \int_{-\left(n+\frac{1}{2}\right)T}^{-\left(n-\frac{1}{2}\right)T} f(x+nT)\exp(-j2\pi\nu x)dx$$

$$= \sum_{n=-\infty}^{\infty} \int_{-\frac{T}{2}}^{\frac{T}{2}} f(z)\exp\{-j2\pi\nu(z-nT)\}dz \quad : ただし\,z=x+nT$$

$$= \int_{-\frac{T}{2}}^{\frac{T}{2}} f(z)\exp(-j2\pi\nu z)dz \sum_{n=-\infty}^{\infty} \exp(j2\pi\nu nT)$$

$$= \int_{-\frac{T}{2}}^{\frac{T}{2}} f(z)\exp(-j2\pi\nu z)dz \sum_{n=-\infty}^{\infty} \frac{\delta(\nu+\frac{n}{T})}{T}$$

$$= \sum_{n=-\infty}^{\infty} \int_{-\frac{T}{2}}^{\frac{T}{2}} f(z)\exp\left(j\frac{2\pi nz}{T}\right)\frac{dz}{T}\delta\left(\nu+\frac{n}{T}\right)$$

$$= \sum_{n=-\infty}^{\infty} C_{-n}\delta\left(\nu+\frac{n}{T}\right)$$

こうして $G(\omega)$ は $\nu=\frac{n}{T}$ に存在する線スペクトルからなり，その係数はフーリエ係数 C_n に一致する．

さらに「時間領域 ⇔ 周波数領域」の主な変換公式としては

$$f(t-T) \Leftrightarrow F(\nu)\exp(-j2\pi\nu T)$$

$$\int_{-\infty}^{\infty} f(t)g^*(t)dt = \int_{-\infty}^{\infty} F(\nu)G^*(\nu)d\nu$$

などがある．

1.4 回路の種類と諸性質

1.4.1 可制御性と可観測性

入力信号と内部状態変数との関係を示すものが**可制御性**である．つまり適切な入力信号を与えれば，任意の値もしくは時間関数の内部状態変数が実現できることを意味している．なおそのような性質が成立しない場合，**非可制御性**回路と呼ぶ．一方，内部状態変数と出力信号の関係を示すものが**可観測性**である．すなわち入力信号を観測しなくても出力信号を観測すれば，内部状態変数の値が推測できることである．

このように回路・システムを｛入力，出力，内部状態変数｝の組として眺めたとき，内部状態変数は可制御か非可制御かという観点と可観測か非可観測かという観点で分類されるが可制御で可観測な内部状態変数だけが最終的に入力と出力を結び付けている伝達関数に寄与することになる．

表 1.1 内部状態変数の分類

	可制御	非可制御
可観測	伝達関数	
非可観測		

1.4.2 時不変性と周期時変性

内部状態変数の更新式もしくは微分式や出力信号の出力式が時間によらず一定である場合，**時不変性回路**もしくは**時不変性システム**と呼ばれる．一方，回路のダイナミックスが一定周期で繰り返す回路を**周期時変性回路**と呼ぶ．具体的には**ミキサ**などが相当する．そして入力信号と出力信号の間で**周波数変換**が行われることが大きな特徴である．また一見すると無関係に思われるかもしれないが光学系の回折格子も本質的に周期時変性システムに帰着される．ただし，時間領域ではなくて空間領域で周期変動を導入していることに注意されたい．また関連した話題として信号の周期を整数倍に伸ばす**分周器**（10.1 節）などがある．

1.4.3 回路の線形性と非線形性

入出力間に**線形性**が成立する場合, 線形な回路・システムと呼ばれる. 数式で表現すると次のようになる. 2通りの入力 $x_1(t), x_2(t)$ に対する出力を $y_1(t), y_2(t)$ とすると任意の2定数 A_1, A_2 に対して

$$x_1(t) \to y_1(t), \quad x_2(t) \to y_2(t)$$
$$A_1 x_1(t) + A_2 x_2(t) \to A_1 y_1(t) + A_2 y_2(t)$$

が成立することを線形性という.

それに対して**電力増幅器**などでは歪み飽和特性による**非線形性**が生じて信号帯域幅が広がったり高調波が発生したりデジタル信号の配置がずれて信号品質が劣化してしまう. 電力増幅器の効率を上げつつ, 非線形性を抑えることは回路設計上の大きな課題である. なお非線形系では伝達関数は単一の周波数の関数ではなくて, ヴォルテラ展開として知られるように多変数の周波数の関数に拡張される.

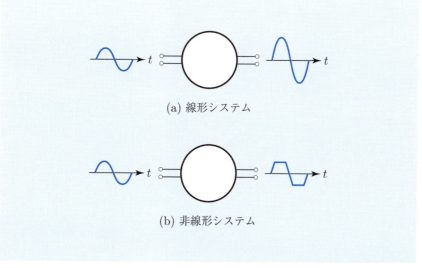

(a) 線形システム

(b) 非線形システム

図 1.4　システムの線形性と非線形性

1 章 の 問 題

☐ **1** フーリエ変換と逆フーリエ変換の定義を示せ．

☐ **2** δ 関数の積分表現を示し，その物理的意味を説明せよ．

第2章

回路の基本特性

> 抽象観念を恐れることはない．
> 最初はすべてを理解しようとしないで，
> 小説を読むように進みなさい．
> ——ゲーデル，母親宛の手紙より

　素子を結線してでき上がった回路の動作を理解する上で欠かせない基本的な特性を紹介しよう．

2.1 回路次元と回路素子数
2.2 動作変数と回路保存量
2.3 因果性と受動性

2.1 回路次元と回路素子数

2.1.1 回路の次元

回路の次元について言及しておこう．回路・システム = { 入力，出力，内部状態変数 } とすると入出力の次元はポート数で決まる．通常は有限個数を想定する．ただしアンテナなどを回路として取り扱う場合には自由空間側は無限に広い定義領域であり，有限個数のポートでは表現できない．ポートを特徴付ける変数は離散変数ではなく，角度のような連続変数になる．特に角度という連続変数のポートで表現した回路特性を**アンテナの指向性**と呼ぶ．

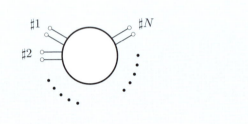

図 2.1　ポート数と回路の次元

2.1.2 集中定数と分布定数

一方，内部状態変数の個数は有限な場合も無限の場合もある．有限の場合を**集中定数回路**，無限の場合を**分布定数回路**と呼ぶことが多い．先程，伝達関数は周波数軸上で定義された関数であると述べたが，内部状態変数の個数が有限な回路では伝達関数の関数形は有理関数に限定される．つまり「**有限性 ⇔ 有理性**」という性質が成り立つ．

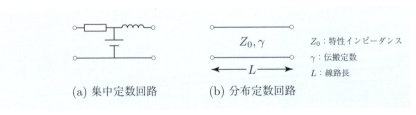

図 2.2　集中定数と分布定数の回路

2.2 動作変数と回路保存量

電気回路における重要な**動作変数**は「電圧」と「電流」である．またマイクロ波回路やアンテナのような電磁波回路であれば「電界」と「磁界」である．さて回路を，簡単に言って複数の素子をある結線トポロジーで結んだものやトランジスタのように**電圧制御電流源**を含む，つまり**従属電源**を含んだものと見なしてみる．そのとき，回路のポートにおける電圧電流と回路内部の素子もしくは従属電源の電圧電流には回路の構造やダイナミックスによらない一般的な関係が成立する．

$$\sum_n V_n I_n = \sum_m v_m i_m$$

左辺は回路の外部（ポート）での総和量であり，右辺は回路内部の全ての素子での総和量である．このように回路の結線構造に依存せずに，回路の外部と内部とで一定に保存される量を（電気）**回路保存量**と呼ぶ．そして回路保存量に基づいて回路内部の**蓄積エネルギー**と入出力ポート間の**群遅延特性**などの重要な関係が導出される．逆に回路の内外で保存される動作量は VI もしくは VI^* に限定されることも証明されている．

群遅延と電磁気エネルギー： R の抵抗終端されたリアクタンス 2 ポート回路の群遅延特性 $\tau(\omega)$ は

$$\tau(\omega) = \frac{2(T_1 + T_2)R}{|E_0|^2}$$

で与えられる．ただし，E_0 は励振電圧源，T_1, T_2 は 2 ポート回路を 2 通りの向きに接続した場合のリアクタンス 2 ポート回路に蓄えられる電磁気エネルギーを示す．

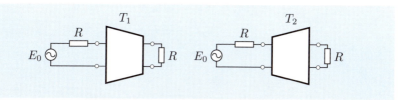

図 2.3

■ 例題 2.1

簡単な T 型 2 ポート回路を考える．3 素子のインピーダンスを Z_a, Z_b, Z_c とする．

$$V_1 I_1 + V_2 I_2 = V_a I_a + V_b I_b + V_c I_c$$

となることを導け．

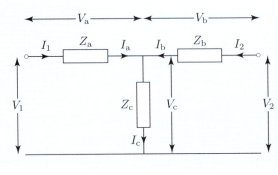

図 2.4 T 型 2 ポート回路

【解答】与えられた条件より

$$V_1 = V_a + V_c, \quad V_2 = V_b + V_c$$

$$I_1 = I_a, \quad I_2 = I_b, \quad I_c = I_a + I_b$$

$$\therefore \quad V_1 I_1 + V_2 I_2 = (V_a + V_c) I_a + (V_b + V_c) I_b$$
$$= V_a I_a + V_b I_b + V_c I_c$$

同様に

$$V_1 I_1^* + V_2 I_2^* = (V_a + V_c) I_a^* + (V_b + V_c) I_b^*$$
$$= V_a I_a^* + V_b I_b^* + V_c I_c^*$$

□

2.2 動作変数と回路保存量

● コラム（リアクタンス変成器）●

回路保存量の応用例としてリアクタンスだけで構成される変成器のエネルギーを検討してみよう．

4個のリアクタンス素子をはしご形結線で理想変成器が実現できる．ただし，理想変成器の動作は特定の周波数に限定される．このとき，リアクタンス回路の内部蓄積エネルギーに関して磁気エネルギー W_m と電気エネルギー W_e は等しく

$$W_\mathrm{m} = W_\mathrm{e}$$

が常に成立する．

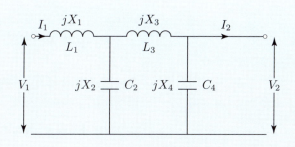

図 2.5 リアクタンス変成器

[略証] 2ポートの変成器（変成比 $n:1$）に関して左辺総和は

$$V_1 I_1^* + V_2 I_2^* = V_1 I_1^* + nV_1 \left(-\frac{I_1^*}{n}\right) = 0$$

一方，図 2.5 のはしご形回路の素子総和は

$$\begin{aligned}
v_1 i_1^* + v_2 i_2^* + v_3 i_3^* + v_4 i_4^* &= jX_1 |i_1|^2 + jX_3 |i_3|^2 + |v_2|^2 \frac{j}{X_2} + |v_4|^2 \frac{j}{X_4} \\
&= jX_1 |i_1|^2 + jX_3 |i_3|^2 + |v_2|^2 \frac{j}{X_2} + |v_4|^2 \frac{j}{X_4} \\
&= j\omega(L_1 |i_1|^2 + L_3 |i_3|^2) - j\omega \left(\frac{|v_2|^2}{C_2} + \frac{|v_4|^2}{C_4}\right) \\
&= j2\omega(W_{\mathrm{m}1} + W_{\mathrm{m}3}) - j2\omega(W_{\mathrm{e}2} + W_{\mathrm{e}4})
\end{aligned}$$

$$\therefore \quad W_\mathrm{m} = W_{\mathrm{m}1} + W_{\mathrm{m}3} = W_\mathrm{e} = W_{\mathrm{e}2} + W_{\mathrm{e}4}$$

2.3 因果性と受動性

回路の因果性とは「結果は原因に先行しない」という性質である．線形回路のインパルス関数でそのことを表現すると

$$h(\tau) = 0 \ (\tau < 0)$$

となる．この制約条件は後述のウィナーフィルタ（Wiener Filter）設計などで重要な性質になる（6.2節）．

一方，回路の受動性とは，1ポート線形回路で述べると次の不等式

$$\int_{-\infty}^{t} v(t)i(t)dt \geqq 0$$

が任意の t に対して成立することと表現される．

因果性と受動性とは一見すると無関係な性質に思われるが，受動性が成立すると因果性が自動的に成立することが証明される．

[証明] $i_1(t) \to v_1(t), i_2(t) \to v_2(t)$ とする．線形性より任意の実定数 A に対して

$$\int_{-\infty}^{t} (v_1(t) + Av_1(t))(i_1(t) + Ai_2(t))dt$$
$$= \int_{-\infty}^{t} v_1(t)i_1(t)dt + A\int_{-\infty}^{t} (v_1(t)i_2(t) + v_2(t)i_1(t))dt + A^2 \int_{-\infty}^{t} v_2(t)i_2(t)dt \geqq 0$$

このように任意の A に対して上記不等式が成立するので

$$\left\{\int_{-\infty}^{t} (v_1(t)i_2(t) + v_2(t)i_1(t))dt\right\}^2 \leqq 4\int_{-\infty}^{t} v_1(t)i_1(t)dt \int_{-\infty}^{t} v_2(t)i_2(t)dt$$

さて $i_2(t)$ は任意に設定できるので $i_2(t) = 0 \ (t < 0)$ とすると

$$\left\{\int_{-\infty}^{t} v_2(t)i_1(t)dt\right\}^2 \leqq 0,$$
$$\therefore \int_{-\infty}^{t} v_2(t)i_1(t)dt = 0$$

上式が任意の $i_1(t)$ に対して成立するためには

$$v_2(t) = 0 \ (t < 0)$$

2.3 因果性と受動性

■ 例題 2.2

ポート数が1個の回路を考え，入力インピーダンスと回路内部の電気エネルギー，磁気エネルギー，消費電力との関係を求めよ．なお回路内部の素子は抵抗，コイル，静電容量から構成されているとする．

【解答】

$$VI^* = \sum v_\mathrm{r} i_\mathrm{r}^* + \sum v_\mathrm{l} i_\mathrm{l}^* + \sum v_\mathrm{c} i_\mathrm{c}^*$$

$$= \sum R_\mathrm{r} |i_\mathrm{r}|^2 + j\omega \sum L_\mathrm{l} |i_\mathrm{l}|^2 - j\omega \sum C_\mathrm{c} |v_\mathrm{c}|^2$$

$$\therefore \quad Z_\mathrm{in}(\omega) |I|^2 = P + 2j\omega W_\mathrm{m} - 2j\omega W_\mathrm{e}$$

つまり入力インピーダンスの実部（抵抗）は回路内部での消費電力 P に比例し，虚部（リアクタンス）は 2ω（磁気エネルギー − 電気エネルギー）に比例する．

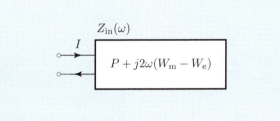

図 2.6　回路の消費電力，エネルギーと入力インピーダンス

2章の問題

1 抵抗 R, インダクタンス L, 静電容量 C が直列に接続された 1 ポート回路を考える.

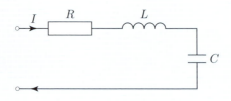

図 2.7

(1) この回路の入力インピーダンス $Z_{\mathrm{in}}(\omega)$ を求めよ.
(2) 次に
$$Z_{\mathrm{in}}(\omega)|I|^2 = P + j2\omega(W_{\mathrm{m}} - W_{\mathrm{e}})$$

が成立していることを確認せよ. ただし, I は入力電流, P は回路内で消費される電力, W_{m} は回路内で蓄積される磁気エネルギー, W_{e} は回路内で蓄積される電気エネルギー.

(3) 入力リアクタンスが 0 となる周波数を**直列共振周波数** ω_{r} と呼ぶ. ω_{r} を求め, $\omega = \omega_{\mathrm{r}}$ では磁気エネルギーと電気エネルギーがバランスし $W_{\mathrm{m}} = W_{\mathrm{e}}$ となることを示せ.

第3章

回路と信号の表現法

> すべてを疑うか，すべてを信じるかは，
> 二つとも都合の良い解決方法である．
> どちらでも我々は反省しないですむからである．
> ——アンリ・ポアンカレ

　ここでは回路動作や回路が取り扱う入出力信号の数学的構造を適切に表現する手法について整理しておく．

3.1　回路の表現
3.2　可逆性と非可逆性
3.3　確定系と確率系
3.4　シグナルフローグラフ

3.1 回路の表現

回路の動作を外から眺めるときに幾つかの異なる表現方法がある．

(1) **インピーダンス行列** $[Z_{ij}]$：ポートの電流と電圧の関係を述べたもので行列要素は

$$Z_{ij} = \frac{V_i}{I_j}$$

で定義される．なおポート♯jに電流源I_jを接続しポート♯j以外は**開放条件**とする．

(2) **アドミタンス行列** $[Y_{ij}]$：同じくポートの電流と電圧の関係を述べたもので行列要素は

$$Y_{ij} = \frac{I_i}{V_j}$$

で定義される．なおポート♯jに電圧源V_jを接続しポート♯j以外は**短絡条件**とする．

(3) **散乱行列** $[S_{ij}]$：ポートへの入射波と反射波との関係を述べたもので行列要素は

$$S_{ij} = \frac{B_i}{A_j}$$

で定義される．なおポート♯jにのみに入射波A_jを想定しポート♯j以外は**整合条件**とする．

(4) **伝達行列**：ポートアレイ♯1の電圧・電流とポートアレイ♯2の電圧・電流との関係を述べたもので**基本行列**と呼ばれる場合もある．回路が縦列接続される場合には全体の基本行列は個々の基本行列の積で与えられる．

なおSパラメタ（散乱行列の要素）を回路外部に接続した電圧源と回路に流れる電流で表現しておこう．ただし議論を簡単にするため，外部に接続される基準インピーダンスは全てZ_0（正実数）とする．ポート1だけに励振電圧源$2V$が接続されているとする．ポート1での**入射電圧波**をa_1，**反射電圧波**をb_1とすると

3.1 回路の表現

$$Z_0 I_1 = a_1 - b_1, \quad 2V - Z_0 I_1 = V_1 = a_1 + b_1$$
$$\therefore \quad a_1 = V, \quad b_1 = V - Z_0 I_1$$

よって**反射係数**は

$$S_{11} = \frac{b_1}{a_1} = 1 - Z_0 \frac{I_1}{V}$$

と表現される．同様に**透過係数**は整合負荷で終端されているので $a_2 = 0$ であり，$Z_0 I_2 = -b_2$ となる．よって

$$S_{21} = \frac{b_2}{a_1} = -Z_0 \frac{I_2}{V}$$

となる．また

$$S_{12} = -\frac{I_1}{V}, \quad S_{22} = 1 - Z_0 \frac{I_2}{V}$$

などとなる．

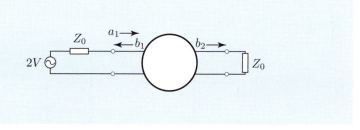

図 3.1 S パラメタの定義

3.2 可逆性と非可逆性

線形の受動素子である抵抗，インダクタンス，静電容量，理想変成器からなる多ポート回路においては回路内部の結線状態と関係なく

$$Z_{ij} = Z_{ji}$$
$$Y_{ij} = Y_{ji}$$
$$S_{ij} = S_{ji}$$

が成立する（ただし，i,j は任意の添え字）．このような回路を**可逆回路**（もしくは**相反回路**）と呼ぶ．

それに対して**ジャイレータ**と呼ばれる次のような2ポートの第5の線形受動素子が定義される．

$$V_1 = RI_2$$
$$I_1 = \frac{V_2}{R}$$

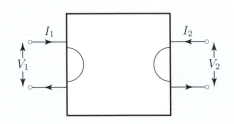

図 3.2 ジャイレータ

これをインピーダンス行列 $[Z]$ で表現すると

$$[Z] = \begin{bmatrix} 0 & R \\ -R & 0 \end{bmatrix}$$

もしくは $[S]$ 行列で表現すると

3.2 可逆性と非可逆性

$$[S] = ([Z] - R[I])([Z] + R[I])^{-1}$$
$$= \begin{bmatrix} 0 & 1 \\ -1 & 0 \end{bmatrix}$$

となる．ただし，基準インピーダンスを R とした．こうしてジャイレータの前進方向の透過係数 S_{21}，後退方向の透過係数 S_{12} の 2 通りの透過位相は π だけ異なることが分かる．

またポート♯2 に Z_L の負荷インピーダンスを接続するとポート♯1 から見込んだ**入力インピーダンス** Z_{in} は

$$Z_{in} = \frac{V_1}{I_1} = \frac{RI_2}{\frac{1}{RV_2}} = \frac{R^2}{Z_L}$$

となる．そのためジャイレータは**インピーダンスインバータ**とも呼ばれる．なお後述（5.4 節）の 1/4 波長の分布定数線路もインピーダンスインバータ機能を有する．ただし，1/4 波長の分布定数線路は可逆回路であることに注意．

一方**非可逆回路**は受動回路で実現するのであれば**磁化フェライト**の**歳差運動**を利用し，能動回路で実現するのであればトランジスタや真空管を用いることになる．

3.3 確定系と確率系

無線機の内部動作はほぼ確定したものであるが無線チャンネル（送信機 → 受信機）の特性は伝搬環境の変動や端末機の移動に伴って確率的に変動する．また無線通信で広く用いられている OFDM 信号は確率理論における**中心極限定理**を思い起こすと，ほぼガウス分布に従って確率的に変動する信号として取り扱うことが有効であり確率的なシステム理解が欠かせない．つまり 1 回毎の実現値に目を奪われるのではなくて背後にある確率構造をしっかり把握することが重要である．

またある温度状態での抵抗には無線機の確定した内部動作とは独立に確率変動する電源を内蔵していることになる．**低雑音増幅器**の設計では確定動作と確率変動との関係により回路特性を把握していくことが肝要である．なおアンテナに入力してくる背景熱雑音も典型的な確率変動する信号であり，宇宙誕生の際のビッグバンの燃え残り熱雑音測定がノーベル賞受賞に繋がったことは広く知られている．

それではおさらいを兼ねて簡単な回路例を使って説明しよう．

■ 例題 3.1

出入り口が 2 個の 2 ポート回路を考え回路のダイナミックスを求めよ．左のポートを入力ポートとして電流源 $I(t)$ が接続されているとし，$I(t)$ を入力信号とする．回路内部は静電容量 C と抵抗 R が並列接続されている．右のポートを出力ポートとし，抵抗 R の両端に発生する電圧 $V(t)$ を出力信号とする．なお出力ポートでは電流は取り出さないものとする．

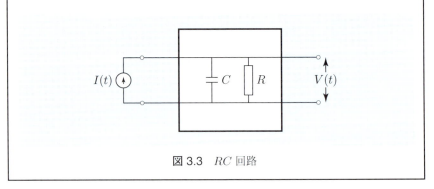

図 3.3　RC 回路

3.3 確定系と確率系

【解答】 この場合，回路内部のダイナミックスは電流が 2 つに分流することを考慮して

$$I(t) = \frac{dQ(t)}{dt} + \frac{Q(t)}{CR}$$

つまり

$$\frac{dQ(t)}{dt} = I(t) - \frac{Q(t)}{CR} \tag{3.1}$$

となり，入力信号 $I(t)$ と $Q(t)$ で $Q(t)$ の時間微分が与えられることが分かる．ただし，$Q(t)$ は C に蓄えられる電荷である．こうして $Q(t)$ が回路の内部状態変数となることが分かる．

一方，出力信号 $V(t)$ は

$$V(t) = \frac{Q(t)}{C} \tag{3.2}$$

となり，内部状態変数 $Q(t)$ で与えられることが分かる．なお，この簡単な回路では入力信号 $I(t)$ は出力式には入っていないことに注意．そしてこの回路では C や R が，時間的に変化することも信号レベルによって変わることもない定数としている．そのため，この回路は時不変線形回路となる．

さて (3.1) の微分方程式の解は

$$Q(t) = \int_{-\infty}^{t} I(t') \exp\left(-\frac{t-t'}{\tau}\right) dt' \tag{3.3}$$

で与えられる．ただし，$Q(-\infty) = 0$ としている．また $\tau = CR$ は回路の**時定数**と呼ばれる．なお (3.2) から入出力信号の関係は

$$V(t) = \int_{-\infty}^{t} I(t') \exp\left(-\frac{t-t'}{\tau}\right) \frac{dt'}{C} \tag{3.4}$$

となる． □

さて (3.3), (3.4) の積分は**畳み込み積分**と呼ばれる形式でありフーリエ変換すると簡単な積の形に帰着される．つまり

$$V(\omega) = I(\omega)H(\omega)$$

ただし，$V(\omega)$ は $V(t)$ のフーリエ変換，$I(\omega)$ は $I(t)$ のフーリエ変換，$H(\omega)$ は

$$h(t) = \begin{cases} \dfrac{\exp(-\frac{t}{\tau})}{C} & (t \geqq 0) \\ 0 & (t < 0) \end{cases}$$

のフーリエ変換であり，$\dfrac{1}{\frac{1}{R}+j\omega C}$ となる．そして $H(\omega)$ を**伝達関数**と呼ぶ．この回路では，伝達関数 $H(\omega)$ は明らかに C と R の並列回路のインピーダンスに一致している．なお $h(t)$ を**インパルスレスポンス関数**と呼んでいる．

このように時不変線形回路の入出力特性は周波数軸で定義された伝達関数で簡潔に表現される．なお (3.3) から内部状態変数 $Q(t)$ は入力信号 $I(t)$ によって制御でき（**可制御性**），(3.2) から $Q(t)$ は出力信号 $V(t)$ から観測できる（**可観測性**）ことが確認できる．こうして可制御かつ可観測な内部状態変数 $Q(t)$ が伝達関数を決定していることが分かる．

3.4 シグナルフローグラフ

　回路の動作変数として電圧，電流を用いる以外に進行波，反射波を用いる方法がある．このような波動の反射，透過，合流，分岐に基づいて回路動作を表現する手法を**シグナルフローグラフ**（**SFG**: Signal Flow Graph）と呼ぶ（勿論，電圧，電流の動作変数にも適用できる）．なおグラフ構造は枝と接点から構成される幾何学的構造であり，後述のように誤り訂正符号の設計解析でも用いられる．

　例えば，2ポート回路のSFGは図3.4で示される．またグラフの各枝には**反射係数** R_{11}, R_{22}, **透過係数** R_{12}, R_{21} を記入しておく．

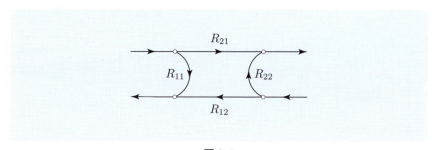

図 3.4

透過係数の規則：　さて複雑なグラフ構造の透過係数（もしくは反射係数）の計算は以下の4つの規則を順次適用していけばよい．

[規則 1]　2つの枝が1つの共通の接点で接続されている場合の透過係数は各枝の透過係数を A, B とすると $A \times B$

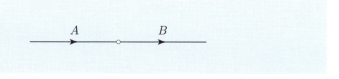

図 3.5

[規則 2]　2つの枝が2つの共通の接点で接続されている場合の透過係数は各枝の透過係数を A, B とすると $A + B$

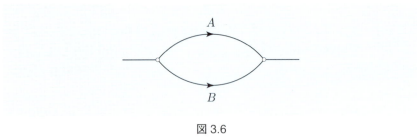

図 3.6

[規則 3]　ループ状の枝を含んでいる場合の透過係数は $\frac{1}{1-A}$

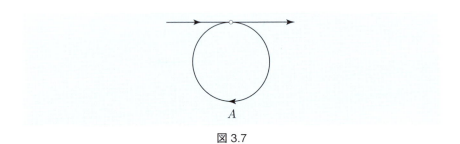

図 3.7

[規則 4]　ループを含まない構造で枝が2分岐している場合はそれぞれの透過係数は A と B

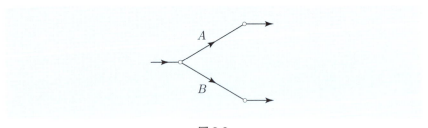

図 3.8

メーソンの公式: グラフ理論的に透過係数 T を表現した**メーソン**（Mason）**の公式**というものがある．

$$T = \sum P_i \frac{\Delta_i}{\Delta}$$

ただし

$$\Delta = 1 + (-1)^1 \sum L_i + (-1)^2 \sum L_i L_j + (-1)^3 \sum L_i L_j L_k + \cdots$$

は**グラフデターミナント**と呼ばれる．

$\sum L_i$：SFG 中の全てのループの透過係数の総和
$\sum L_i L_j$：SFG 中の互いに独立な 2 つのループの透過係数の積の総和
$\sum L_i L_j L_k$：SFG 中の互いに独立な 3 つのループの透過係数の積の総和
（なお独立なループとは共通な接点を持たないことを意味する）
Δ_i：パス P_i とこれに付着する枝をもとの SFG から除去した残りの SFG のグラフデターミナント
$\sum P_i \Delta_i$：$P_i \Delta_i$ をすべてのパスについて総和したもの

さて本書では，第 6, 7 章で**回路設計**と**最適化**，第 12, 13 章で信号処理とシステム，**システム同定**などの話題を取り上げる．工学上の問題の多くは，最適化問題と見なすことができる．そして，最適化問題に必要な規範（**目的関数**）の設定，最適化パラメタを実現する回路設計法などを紹介する．またある意味で回路やシステムは信号処理のために用いられると言っても過言ではない．そこで信号処理という立場で回路・システムを改めて眺めてみよう．最後の話題はシステム同定である．通常回路は設計通りにでき上がっているとは限らない．また無線通信チャンネルのようなシステムでは，不確定なもしくは未知のシステムを同定推定する必要がある．どのような観測学習過程が要求されているのか，測定されたデータからどのように未知パラメタが推定されるのか，パイロット信号生成法を含めて議論していこうと思う．なお誤り訂正符号の復号過程はシステム同定と多くの類似点が見受けられることを指摘しておきたい．

さて最近話題の AI について最後に一言付言しておこう．AI では比較的少ない学習データで対象システムの特徴を捉えるモデリングを行い，必要なパラメタ推定を行う．この段階を**教師付き学習問題**と呼ぶ．そして未知のデータに対

して構築されたモデリングに基づいて応答を**回帰推定**する（アナログの場合）もしくは**カテゴリ分類**（デジタルの場合）を行う．もしモデリングがうまくいけば，「一を聞いて十を知る」ということになり，このことを**汎化能力**が高いと呼ばれる（なおデータ集合のクラスタリングに関係した**教師なしの学習問題**と呼ばれるものもあるが，ここでは省略）．さてしかし α 碁で話題をさらったように AI で最重要なテーマは**強化学習問題**であると言われている．教師付き学習問題ではモデリングを実現していく学習アルゴリズムが既知である．一方，強化学習問題では汎化能力を持ったモデリングを実現していく学習アルゴリズム自体が未知でそれを（試行錯誤的に）構築していく必要がある．つまりモデリングと学習アルゴリズムを同時並行して取り組む必要がある．しかし考えてみると私たちが取り組んでいる回路設計はまさに強化学習問題の性格を帯びていることに気が付く．AI の究極のテーマはいかにも人間らしいテーマとも言えるのであろう．

コラム（素人と玄人の発想の違い）

$$x + (-x) = 0$$

という等式は任意の値 x に対して成立する．さてこの等式を左辺から右辺へ眺めていくのが素人の発想で，右辺から左辺へ眺めていくのが玄人の発想と言えるのではないだろうか．

3 章 の 問 題

☐ **1** 無損失回路の [S] 行列はユニタリ行列になることを示せ.

☐ **2** 受動回路の [S] 行列の行列式の絶対値は 1 を超えないことを示せ.

第4章

連続時間系時不変線形回路とは

> 新しい時代のコペルニクスよ
> 余りに重苦しい重力の法則から
> この銀河系を解き放て
> ——宮澤賢治「春と修羅」より

　回路理論は連続時間系時不変線形回路から始まっていると言っても過言ではない．回路動作は飛び飛びの時間ではなくて全ての連続した時間領域で定義される．また回路動作のダイナミックスは時間によらず一定であり，回路特性に線形性が成立して，結果として重ね合わせの原理が適用できるようになる．

　ここでは回路理論の基礎となる連続時間系時不変線形回路の解析手法と回路特性の特徴を紹介する．

> 4.1　インパルス応答関数
> 4.2　伝達関数と相互相関関数
> 4.3　回路解析の入門

4.1 インパルス応答関数

ここでは入力信号も出力信号も回路の内部状態変数も全て連続時間の関数で表現されているとする．なお連続時間系から離散時系列系への展開にはそれほど困難さは生じない．

既に 1.4.2 項で紹介したが，回路の時不変性とは何を意味するのであろうか？それは**状態推移関数**（入力信号と内部状態変数で次の内部状態変数を決定する機構）や**出力関数**（入力信号と内部状態変数で次の出力信号を決定する機構）が時々刻々と時間と共に変化しないことを意味している．さらに議論を進めて（内部状態変数を消去して）入力信号と出力信号との直接的な関係に着目するとインパルス応答関数を得ることになる．なお**インパルス応答関数**とは入力信号をインパルス関数とした場合の出力信号のことである．そして時不変線形回路のインパルス応答関数は次のようにまとめられる．

表 4.1

	入力信号	出力信号
定義	$\delta(t)$	$h(t)$
時不変性	$\delta(t-\tau)$	$h(t-\tau)$
線形性	$A\delta(t)$	$Ah(t)$
重ね合わせ積分	$\int_{-\infty}^{\infty} A(\tau)\delta(t-\tau)d\tau = A(t)$	$\int_{-\infty}^{\infty} A(\tau)h(t-\tau)d\tau = B(t)$

こうして時不変線形回路の出力信号 $B(t)$ は入力信号 $A(t)$ とインパルス応答関数 $h(t)$ との畳み込み積分で与えられることになることが分かる．つまり

$$B(t) = \int_{-\infty}^{\infty} A(\tau)h(t-\tau)d\tau$$

と表現される．なおインパルス関数 $\delta(t)$ の（直観的な）定義は

$$\delta(t) = \begin{cases} 0 & (t \neq 0) \\ \infty & (t = 0) \end{cases}$$

$$\int_{-\infty}^{\infty} \delta(t)dt = 1 \quad \text{（ただし，積分範囲に } t=0 \text{ を含む）}$$

4.1 インパルス応答関数

であり，通常の関数ではなくて**超関数**と呼ばれたりする．また後程しばしば用いられる単振動信号 $\exp(j\omega t)$ による重ね合わせでインパルス関数が表現されること，つまり

$$\int_{-\infty}^{\infty} \exp(j\omega t)d\omega = 2\pi\delta(t)$$

という関係が成立する．この関係はとても重要である．単振動信号 $\exp(j\omega t)$ は $(-\infty, \infty)$ の時間領域で減衰も発散もせず一定の振幅を維持しているのに，角周波数 ω に関する重ね合わせた時間関数は $t=0$ に局在し，しかも無限大に発散するのは全く意外としか言いようがない．

● コラム（超関数）●

電荷が拡がりを持たず 1 点に集中したものを点電荷と呼ぶ．また同じように質量が拡がりを持たず 1 点に集中したものを質点と呼ぶ．そしてそれらの電荷密度関数や質量密度関数は超関数（δ 関数）で表現できる．その重要な特徴は

$$\delta(t) = \begin{cases} 0 & (t \neq 0) \\ \infty & (t = 0) \end{cases}$$

$$\int_{-\infty}^{\infty} \delta(t)dt = 1$$

に集約されている．なお超関数の微分 $\delta'(x)$ は物理的には電気双極子などに対応している．

4.2 伝達関数と相互相関関数

4.2.1 伝達関数

連続時間領域で出力信号は入力信号とインパルス応答関数との畳み込み積分で与えられることが分かった．この関係はフーリエ変換すると（周波数領域で表現すると）

$$Y(\omega) = X(\omega)H(\omega)$$

と簡潔に表現される．なぜなら

$$\begin{aligned}
Y(\omega) &= \int_{-\infty}^{\infty} y(t)\exp(-j\omega t)dt \\
&= \int_{-\infty}^{\infty}\int_{-\infty}^{\infty} x(t-\tau)h(\tau)d\tau \exp(-j\omega t)dt \\
&= \int_{-\infty}^{\infty}\int_{-\infty}^{\infty} x(t-\tau)\exp\{-j\omega(t-\tau)\}h(\tau)d\tau \exp(-j\omega\tau)d(t-\tau) \\
&= \int_{-\infty}^{\infty} x(t-\tau)\exp\{-j\omega(t-\tau)\}d(t-\tau) \int_{-\infty}^{\infty} h(\tau)\exp(-j\omega\tau)d\tau \\
&= X(\omega)H(\omega)
\end{aligned}$$

ただし，

$$H(\omega) = \int_{-\infty}^{\infty} h(\tau)\exp(-j\omega\tau)d\tau$$

を**伝達関数**と呼び，これは角周波数 ω の関数になっている．

4.2.2 相互相関とインパルス関数

次に入力信号 $x(t)$ が**定常な確率過程**を考察する．なお定常な確率過程とは $x(t)$ の**自己相関関数** $R_{xx}(t,t') = E\{x(t)x(t')\}$ が t と t' の2変数ではなくて，それらの時間差 $t-t'$ のみの1変数関数になることである．ただし，$E\{\ \}$ は確率過程に関する平均値操作を意味するものとする．

さてこのとき，出力信号 $y(t)$ と入力信号 $x(t)$ との**相互相関関数**も時間差 $t-t'$ のみの1変数関数になる．なぜなら

$$y(t) = \int_{-\infty}^{\infty} h(\tau)x(t-\tau)d\tau$$

4.2 伝達関数と相互相関関数

$$R_{yx}(t,t') = E\{y(t)x(t')\}$$
$$= \int h(\tau)E\{x(t-\tau)x(t')\}d\tau$$
$$= \int h(\tau)R_{xx}(t-\tau-t')\}d\tau$$
$$= R_{yx}(t-t')$$

特に入力信号 $x(t)$ が定常な**白色雑音過程**とすると

$$R_{xx}(t-t') = \delta(t-t')$$

となるので

$$h(\tau) = R_{yx}(\tau)$$

となり,入出力間の相互相関関数からインパルス関数が直接推定できる.同様に,スペクトル関数から

$$H(\omega) = \frac{R_{yx}(\omega)}{R_{xx}(\omega)}$$

と書くこともできる.なぜなら

$$Y(\omega) = H(\omega)X(\omega), \quad Y(\omega)X(\omega)^* = H(\omega)X(\omega)X(\omega)^*$$
$$H(\omega) = \frac{Y(\omega)X(\omega)^*}{X(\omega)X(\omega)^*} = \frac{R_{yx}(\omega)}{R_{xx}(\omega)}$$

ただし,簡単化のため $R_{yx}(\omega), R_{xx}(\omega)$ は $R_{yx}(t-t'), R_{xx}(t-t')$ のフーリエ変換を意味するものとする.

4.3　回路解析の入門

電流・電圧の制約条件：　簡単に言って，電気回路とは周波数の関数であるインピーダンス値を有する回路素子が導線で結線された構造を指している．そして回路の動作変数としては電圧と電流の 2 種類がある．また回路の結線構造に応じて電圧，電流に関するグラフ理論的な制約条件が存在する．

(1)　**キルヒホッフ**（Kirchhoff）**電流測**：結線構造を表現するグラフ上の任意の**接点**に流入する電流の代数和

$$I_1 + I_2 + \cdots + I_n = 0$$

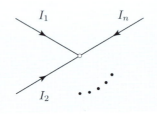

図 4.1

(2)　**キルヒホッフ電圧測**：結線構造を表現するグラフ上の任意の**閉ループ**に沿っての電圧の代数和

$$V_1 + V_2 + \cdots + V_n = 0$$

図 4.2

(3) **オーム（Ohm）の法則**：インピーダンス Z の素子を流れる電流 I と両端の電位差（電圧）V とは

$$V = ZI$$

の関係にある．

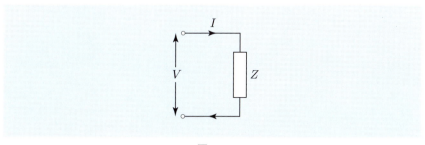

図 4.3

これらを組み合わせることによって回路解析が実行される．

簡単な回路素子：

(1) **コイル**：磁気エネルギーを蓄える素子である．コイルと鎖交する磁束 ϕ とコイルに流れる電流 I とは比例する．

$$\phi = LI$$

この比例係数 L をコイルの**インダクタンス**と呼ぶ．コイルのインピーダンスは $Z = j\omega L$ である．これは**ファラデーの**（Faraday）**電磁誘導法則** $V = -\frac{\partial \phi}{\partial t}$ から導出される．

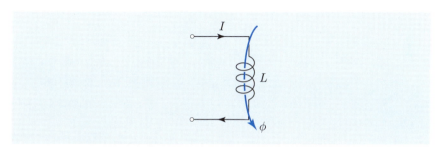

図 4.4

(2) **コンデンサ**：電気エネルギーを蓄える素子である．2つの電極間の電圧（電位差）V と電極に存在する電荷 $\pm Q$ とは比例する．

$$Q = CV$$

この比例係数 C を**静電容量**と呼ぶ．コンデンサのアドミタンス Y は $Y = j\omega C$ である．これは**電流電荷の連続式** $I = \frac{\partial Q}{\partial t}$ から導出される．

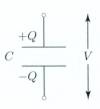

図 4.5

(3) **抵抗**：電気エネルギーを熱エネルギーに変換する素子である．抵抗に流れる電流 I と抵抗両端の電位差（電圧）とは比例する．

$$V = RI$$

この比例係数 R を**抵抗値**と呼ぶ．発生する熱電力 P は

$$P = RI^2 = \frac{V^2}{R}$$

である．なおこの逆の現象が**熱雑音**である．また熱雑音電圧の2乗平均値は

$$E\{V^2\} = 4k_\text{B}TBR$$

となる．ただし，k_B はボルツマン定数，T は周囲温度，B は熱雑音が存在する信号帯域幅．なお熱雑音として発生する瞬時電圧 $V(t)$ は確定値ではなくて時々刻々と確率的に変動する値であり，その2乗平均値 $E\{V(t)^2\}$ が確定した値となる．

4.3 回路解析の入門   41

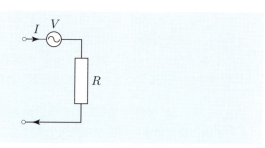

図 4.6

(4) **演算増幅器**：もう少し複雑な回路を取り上げよう．入力端子は 2 個あり**逆相端子**, **正相端子**と呼ばれることもある．入力インピーダンスは十分大きく，また利得（増幅度）も十分大きいとする．なお出力電圧 V_{out} は $V_{\text{out}} = G(V_1 - V_2)$ で与えられる．ただし，V_1 は逆相入力電圧，V_2 は正相入力電圧である．逆相端子に Z_1 のインピーダンスが接続され，出力端子と逆相端子との間に Z_2 が接続されている．ただし，正相端子は接地されているとする．そして $|G| \to \infty$ とすると $V_1 = V_2 = 0$ となる．Z_1 に流れる電流 I は $I = \frac{V_{\text{in}}}{Z_1}$ となる．ただし，V_{in} は入力電圧．この電流がそのまま Z_2 を流れていくので $V_{\text{out}} - V_1 = V_{\text{out}} = -Z_2 I = -Z_2 \frac{V_{\text{in}}}{Z_1}$ となり

$$\therefore \quad \frac{V_{\text{out}}}{V_{\text{in}}} = -\frac{Z_2}{Z_1}$$

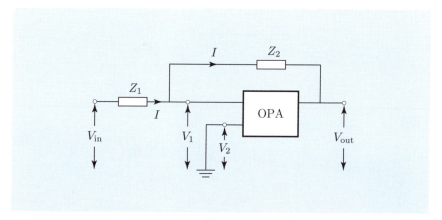

図 4.7

例えば，$Z_2 = j\omega L, Z_1 = R$ とすると $\frac{V_{\text{out}}}{V_{\text{in}}} = -j\omega\frac{L}{R}$ となり，**微分操作**（$\frac{\partial}{\partial t} \to j\omega$）が行われることになる．同じく $Z_2 = \frac{1}{j\omega C}$ の場合は**積分操作**（$\int dt \to \frac{1}{j\omega}$），$Z_2 = R'$ の場合は $-\frac{R'}{R}$ の**定数倍操作**になる．そのため各種の数学演算が実現できるので**演算増幅器**（**OPA**）と呼ばれる．

なお，1ポートの素子を発展させて理想変成器や電圧制御電流源（トランジスタの要素）などのより複雑な回路要素も今後必要に応じて取り上げていくことにしよう．

再び簡単な回路を取り上げよう．

■ 例題 4.1

インダクタンス L と抵抗 R の直列接続回路と容量 C と抵抗 R の直列接続回路が並列接続された1ポート回路を考える．なお便宜上ポートへの流入電流を入力信号，ポート両端に発生する電圧を出力信号と定義し，伝達関数を求めよ．

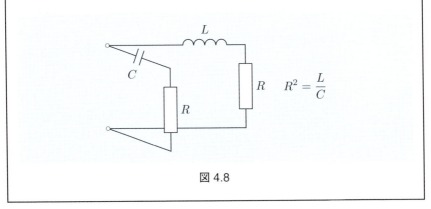

図 4.8

【解答】この回路の入力インピーダンス Z は

$$Z = (j\omega L + R) \parallel \left(\frac{1}{j\omega C} + R\right) = \frac{(j\omega L + R)\left(\frac{1}{j\omega C} + R\right)}{j\omega L + \frac{1}{j\omega C} + 2R}$$

$$= \frac{\frac{L}{C} + R\left(j\omega L + \frac{1}{j\omega C}\right) + R^2}{j\omega L + \frac{1}{j\omega C} + 2R}$$

4.3 回路解析の入門

となる．ただし，$a \parallel b = \frac{ab}{a+b}$．そこで，もし $\sqrt{\frac{L}{C}} = R$ であると

$$Z = R$$

に帰着され，周波数特性を持たない定抵抗回路になる．なおインダクタンス L と抵抗 R の直列接続回路は**低域通過フィルタ**（**LPF**）であるのに対して，容量 C と抵抗 R の直列接続回路は**高域通過フィルタ**（**HPF**）である．この回路は低域スピーカ，高域スピーカの分離に用いられて，**分波器**とよばれている．

さてこの回路の内部状態変数を確認しよう．容量 C の両端の電圧 v とインダクタンス L を流れる電流 i がこの回路の 2 次元の内部状態変数ベクトル $\boldsymbol{X} = [v, i]^t$ であり状態推移関数は

$$\frac{d\boldsymbol{X}}{dt} = [M]\boldsymbol{X} + \boldsymbol{N}i$$

ただし，

$$[M] = \begin{bmatrix} 0 & \frac{1}{C} \\ -\frac{1}{L} & 2\frac{R}{L} \end{bmatrix}$$

なお $\boldsymbol{N} = [\frac{1}{C}, \frac{R}{L}]^t$．また出力関数は

$$v = [1, -R]\boldsymbol{X} + Ri$$

となる．ここで $\sqrt{\frac{L}{C}} = R$ という条件が成立すると

$$\frac{d(v - Ri)}{dt} = \frac{v - Ri}{\sqrt{LC}}$$

という関係が導出される．そして $v - Ri$ という線形変換された内部状態変数は $t \to \infty$ で 0 に収束し入力信号 i には影響を受けず非可制御であることがわかる．一方，出力関数の構造から $v = Ri$ の関係になる内部状態変数の部分空間は可観測ではないことがわかる．つまり $v = Ri$ の部分空間は可観測でなくまた可制御ではないことになり，最終的に伝達関数は $V = RI$ となり，2 個の内部状態変数は意外にも伝達関数には一切関与しないことが分かる．このためこの回路は周波数に依存しない $Z = R$ の定抵抗回路になる． □

4 章 の 問 題

□ **1** 電圧源 $V(t)$ でインダクタンス L と抵抗 R が直列接続された 1 ポート回路を駆動した場合，入力ポートの電流 $I(t)$ はいくつになるか．

第5章

時不変線形回路の諸定理

> 人間が唯一偉大であるのは，
> 自分を越えるものと闘うからである．
> ——アルベール・カミュ

　時不変線形回路は回路の基本と考えられるが，時不変線形回路で成立する重要な諸定理を紹介しておこう．これらの諸定理を用いることによって，今後展開される回路の解析や設計が見通しのよいものになる．

5.1　電源移動定理と有能電力
5.2　フォスターの定理
5.3　無限周期回路
5.4　回路不変量

5.1 電源移動定理と有能電力

5.1.1 鳳–テブナンの定理

ここでは内部に電源を含んだ回路を考えてみる．そしてそこに成立する**鳳–テブナン**（Thevenin）**の定理**として知られている性質を考えてみる．この定理は「回路内部の任意の位置にある複数の電源（電圧源，電流源）を全て回路の出入り口ポートに移動することができ，回路の外側から捉えた特性は変わらない」ことを主張している．ただし，移動後の電圧源は短絡し，電流源は開放にしておく．また最初の回路のインピーダンス値と結線構造はそのままにしておく．すなわち回路のインピーダンス行列は回路中の電圧源を短絡し，電流源を開放した場合のものである．なおポートに直列に接続される電圧源の値はそのポートを開放した場合に現れる**開放電圧**に相当する．その意味では**電源の移動定理**と呼んでもよいであろう．ただし，等価性は回路の外部に対する挙動に限定される．つまり一般には回路内部の電圧電流分布や消費電力分布は電源の移動の前後で変わる．

例 5.1 電源を含んだ回路は電圧源 E が1つと電流源 J が1つある．また回路中のインピーダンスは Z_1, Z_2 の2個で直列接続されているとする．さらに E は Z_1 と直列接続され，J は Z_2 と並列接続されていて，それらが直列接続されているとする．この電源回路の開放電圧 V_{op} は $V_{\mathrm{op}} = E + JZ_2$ となる．

一方 E を短絡し J を開放した場合の入力インピーダンス Z_{in} は $Z_{\mathrm{in}} = Z_1 + Z_2$ となる．

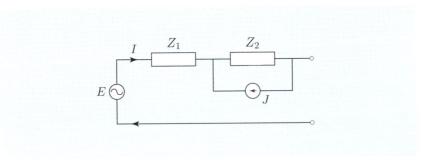

図 5.1

5.1 電源移動定理と有能電力

そこでこの1ポートの電源回路の外側に Z_L の負荷インピーダンスを接続すると電流 $I = \frac{V_{op}}{Z_{in}+Z_L} = \frac{E+JZ_2}{Z_1+Z_2+Z_L}$ が流れる．

次に同じ回路を鳳–テブナンの定理を使わずに解いてみる．2つのループ電流は I と J であるから閉ループに関する電圧則より

$$E = (Z_1 + Z_L)I + Z_2(I - J) \quad \therefore \quad I = \frac{E + Z_2 J}{Z_1 + Z_2 + Z_L}$$

これは先程，鳳–テブナンの定理で求めた電流値と一致する．

なお，Z_1, Z_2, Z_L で消費される電力の総和を P をすると

$$P = |I|^2(R_1 + R_L) + |J - I|^2 R_2$$

一方，鳳–テブナンの定理で置き換えた回路の全消費電力を P' とすると

$$P' = |I|^2(R_1 + R_2 + R_L)$$

であるので $|J-I|^2 = |I|^2$ でないと $P = P'$ とはならない．つまり

$$|J|^2 = 2\operatorname{Re}\{JI^*\} = 2\operatorname{Re}\left\{J^* \frac{E + Z_2 J}{Z_1 + Z_2 + Z_L}\right\}$$
$$= 2\operatorname{Re}\left\{\frac{J^* E}{Z_1 + Z_2 + Z_L}\right\} + |J|^2 2\operatorname{Re}\left\{\frac{Z_2}{Z_1 + Z_2 + Z_L}\right\}$$

が成立しないと $P = P'$ とならない．特に $Z_2 = R_2$ で $E = JR_2$ であると

$$|J|^2 = 2|J|^2 R_2 \operatorname{Re}\left\{\frac{1}{Z_1 + R_2 + Z_L}\right\} + |J|^2 2R_2 \operatorname{Re}\left\{\frac{1}{Z_1 + R_2 + Z_L}\right\}$$
$$\therefore \quad 4R_2 = \frac{1}{\operatorname{Re}\left\{\frac{1}{Z_1+R_2+Z_L}\right\}} = \frac{|Z_1 + R_2 + Z_L|^2}{R_1 + R_2 + R_L}$$
$$= R_1 + R_2 + R_L + \frac{(X_1 + X_L)^2}{R_1 + R_2 + R_L}$$

さらに電源と負荷の間で整合が取れているとすると

$$R_1 + R_2 = R_L, \quad X_1 = -X_L$$

であるので $4R_2 = 2(R_1 + R_2)$，つまり $R_1 = R_2$ のときに限って電源回路内の消費電力は正しく計算される． □

5.1.2 電源回路の有能電力

簡単のため 1 ポートの電源回路を考える．勿論，電源回路の内部には複数の電圧源や電流源が混在していても構わない．鳳–テブナンの定理により，電源回路は開放時の電圧値を E とすると電圧源 E と電源回路を見込んだインピーダンス Z_g の直列接続で表現できる．もしくは双対な形として**ノートン (Norton) の定理**によれば，短絡時の電流値を I とすると電流源 I と Z_g の並列接続で表現できる．

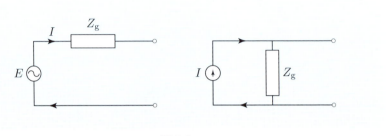

図 5.2

そして外部負荷 Z_L のインピーダンスを調整して負荷に供給できる電力を最大化してみる．まず負荷に流れる電流 I は

$$I = \frac{E}{Z_g + Z_L}$$

であるので負荷に供給される電力 P は

$$P = R_L |I|^2$$

となる．ただし，$R_L = \mathrm{Re}\{Z_L\}$ で負荷の抵抗分である．そして $R_L\,(>0), X_L$ を変化させて P の最大値を求める．

$$P = R_L \left| \frac{E}{Z_g + Z_L} \right|^2 = R_L \frac{|E|^2}{(R_g + R_L)^2 + (X_g + X_L)^2}$$

そして $X_L = -X_g, R_L = R_g$ のときに最大値 $P_{\max} = \frac{|E|^2}{4R_g^2} \geqq P$ が達成される．そして $P_{\max}$ のことを電源回路の**有能電力**と呼ぶ．なお最適負荷インピーダンスは $Z_{L,\mathrm{opt}} = Z_g^*$ となるので**共役整合**ともいわれる．

5.2 フォスターの定理

5.2.1 無損失相反回路の性質とフォスターの定理

インダクタンスと静電容量のみからなる回路は**無損失相反回路**と呼ばれる．インダクタンスは磁気エネルギーを，そして静電容量は電気エネルギーを蓄える．しかし抵抗を含んでいないので消費電力は 0 である．入出力ポートが複数ある多ポート回路の回路特性はインピーダンス行列 $[Z]$ もしくはアドミタンス行列 $[Y]$ で表現されるが，無損失相反性を考慮すると

$$[Z] = j[X], \quad [Y] = j[B]$$

となる．ただし，$[X]$ は実対称行列で**リアクタンス行列**と呼ばれる．また $[B]$ も実対称行列で**サセプタンス行列**と呼ばれる．そしてそれらの周波数微分 $[\frac{\partial X}{\partial \omega}], [\frac{\partial B}{\partial \omega}]$ は正定値行列になることが知られている．このことを**フォスター（Foster）の定理**と呼ぶ．なお正定値性とは任意の入力電流ベクトル $\boldsymbol{I}$，入力電圧ベクトル $\boldsymbol{V}$ に対して

$$\boldsymbol{I}^\dagger \left[\frac{\partial X}{\partial \omega}\right] \boldsymbol{I} = 2(W_\mathrm{m} + W_\mathrm{e}) > 0$$

$$\boldsymbol{V}^\dagger \left[\frac{\partial B}{\partial \omega}\right] \boldsymbol{V} = 2(W_\mathrm{m} + W_\mathrm{e}) > 0$$

となることである．ただし，W_m は回路内部の**蓄積磁気エネルギー**，W_e は回路内部の**蓄積電気エネルギー**である．

例 5.2 1 個のインダクタンス L を考える．

$$X = \omega L$$

であるので $\frac{\partial X}{\partial \omega} = L$ となり

$$|I|^2 \frac{\partial X}{\partial \omega} = |I|^2 L = 2W_\mathrm{m} > 0$$

同様に 1 個の静電容量 C の場合は $\frac{\partial B}{\partial \omega} = C$ となるので

$$|V|^2 \frac{\partial B}{\partial \omega} = |V|^2 C = 2W_\mathrm{e} > 0$$

□

理想変成器： さてエネルギーを蓄積も消費もしない特殊な 2 ポートの磁気回路がある．ここでは 2 通りの理想化（局限化）が行われる．

(1) 最大の結合係数 $|k|=1$（磁気エネルギーの半正値性から $|k|>1$ は不可）→電圧比の関係
(2) 閉磁気回路の $\mu \to \infty$ で $H=0$
→電流比の関係

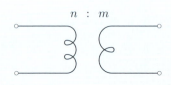

図 5.3

5.2.2 磁気系と電気系の双対性

ϕ を磁束，Q を電荷とすると

$$\phi = LI, \quad \frac{\partial \phi}{\partial t} = -V$$
$$Q = CV, \quad \frac{\partial Q}{\partial t} = I$$

が成立する．さて，2 つのベクトル界，磁界と電界は**還流場**と**湧き出し場**という性質を有している．磁界は還流場で電界は湧き出し場であり，両者のベクトル場としての大域的性質の違いが $[L]$ 行列と $[C]$ 行列の構造の違いに反映する．また，行列の内部構造や制約条件までを考慮すると双対性は厳密には成立しないことになり，コンデンサのみからなる電気系システムでは理想変成器は実現できないことになる．

5.3 無限周期回路

ここで無限周期構造のインピーダンス行列を求めてみよう．その結果から自由空間と1次元無限周期構造との相互作用を回路的に解析することにする．

(1) 基本1周期区間を相反対称3ポート回路でモデリングする．

$$\begin{bmatrix} Z_{aa} & Z_{ab} & Z_{ab} \\ Z_{ab} & Z_{bb} & Z_{bc} \\ Z_{ab} & Z_{bc} & Z_{bb} \end{bmatrix}$$

ただしポート a は周期構造と自由空間，ポート b, c は基本構造間．この3ポート回路は4個のパラメタ $Z_{aa}, Z_{ab}, Z_{bb}, Z_{bc}$ で特徴付けられる．なお自由空間側の入射波が TE・TM 偏波で回路パラメタが変わる．

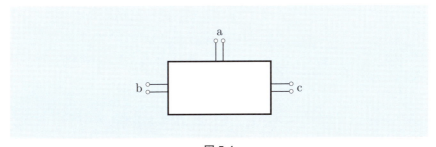

図 5.4

(2) ポート a を開放した回路を考える．これは相互インピーダンス計算に用いられる．すると3→2ポート回路に縮約される．

$$\begin{bmatrix} Z_{bb} & Z_{bc} \\ Z_{bc} & Z_{bb} \end{bmatrix}$$

(3) 同一の2ポート回路の半無限縦続接続された構造を解析する．2ポート回路において負荷インピーダンス Z_L が入力インピーダンス Z_{in}

$$Z_{in} = Z_{bb} - \frac{Z_{bc}^2}{Z_L + Z_{bb}}$$

に一致する値を**反復インピーダンス** Z_i と呼ぶが

$$Z_\mathrm{i} = \sqrt{Z_\mathrm{bb}^2 - Z_\mathrm{bc}^2}$$

となる．また出力電流と入力電流との比を**伝達係数** T と呼ぶが

$$T = \frac{Z_\mathrm{bc}}{Z_\mathrm{i} + Z_\mathrm{bb}}$$

となる．

(4) 以上の準備で自己インピーダンス Z_0, 相互インピーダンス $Z_1 = Z_{-1}, Z_2 = Z_{-2}, \ldots$ が与えられる．

$$Z_0 = Z_\mathrm{aa} - \frac{2Z_\mathrm{ab}^2}{Z_\mathrm{i} + Z_\mathrm{bb} + Z_\mathrm{bc}}$$

$$Z_1 = Z_{-1} = \frac{Z_\mathrm{ab}^2}{(Z_\mathrm{i} + Z_\mathrm{bb} + Z_\mathrm{bc})(1 - T)}$$

$$Z_2 = Z_{-2} = Z_1 T$$

$$Z_3 = Z_{-3} = Z_2 T = Z_1 T^2$$

$$\ldots$$

$$Z_n = Z_{-n} = Z_1 T^{n-1} \quad (n = 1, 2, 3, \ldots)$$

さて入射波が角度 θ で入射した場合 ♮n のポートへの入力電流は

$$I_n = I_0 \exp\left(-jn2\pi D \frac{\sin(\theta)}{\lambda}\right)$$

となる．ただし D は周期構造の 1 区間長，λ は入射波の波長．この場合，♮m ポートの出力電圧 V_m はインピーダンス行列 $[Z_{m,n}]$ を用いて

$$V_m = \sum_{n=-\infty}^{\infty} Z_{m,n} I_n$$

$$= \sum_{n=-\infty}^{\infty} Z_{m-n} I_0 \exp\left(-jn2\pi D \frac{\sin(\theta)}{\lambda}\right)$$

5.3 無限周期回路

そこで特に

$$V_0 = I_0 \sum_{n=0}^{\infty} Z_{|n|} \exp(-jn\psi)$$

ただし，$\psi = 2\pi D \frac{\sin(\theta)}{\lambda}$.

$$\therefore\ Z_{\text{in}} = \frac{V_0}{I_0}$$

$$= Z_0 + \frac{Z_1}{T\left[\sum\limits_{n=1}^{\infty} T^n \{\exp(-jn\psi) + \exp(jn\psi)\}\right]}$$

$$\therefore\ Z_{\text{in}} = Z_0 + \frac{Z_1}{T\left\{\frac{1}{\exp(j\psi)T-1} + \frac{1}{\exp(-j\psi)T-1}\right\}}$$

$$= Z_0 + \frac{2Z_1(\cos(\psi)-1)}{1+T^2-2T\cos(\psi)}$$

こうして，1次元周期構造の**斜入射反射特性**は3個のパラメタ Z_0, Z_1, T で特徴付けられることになる．つまり，斜入射反射特性からだけでは基本区間の4個のパラメタ全てを決定することはできない．例えば，ポート b, c に同一の理想変成器 $(N:1, 1:N)$ を挿入しても斜入射反射特性は変わらない．

5.4 回路不変量

n ポート回路の外側に $2n$ ポートの無損失回路を接続すると別の n ポート回路が形成される．このとき $2n$ ポートの無損失回路に依存しない n 個の不変な量が存在する．これらは**回路不変量**と呼ばれ回路の適切な性能指数となる．具体的な例としては「増幅器」，「2 状態ダイオード」，「サーキュレータ」，「方向性結合器」などに回路不変量が存在する．

ここでは比較的に簡単な例として 2 状態ダイオード (Z_1, Z_2) の回路不変量 $M = \frac{|Z_1 - Z_2|}{|Z_1 + Z_2^*|}$ を紹介する．ただし，Z_1, Z_2 は 1 ポートダイオードの 2 状態でのインピーダンス値とする．

さて任意の 2 ポート無損失回路は次の (1)〜(3) の組合せで表現できるので 3 個の場合を個別に検討する．

(1) 直列リアクタンス jX の接続

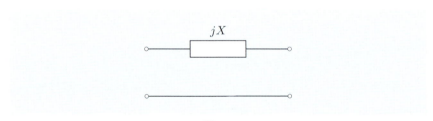

図 5.5

(2) 理想変成器（図 5.3 参照）
(3) 1/4 波長の伝送線路（インピーダンスインバータ）

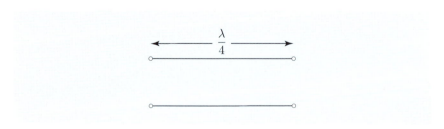

図 5.6

(1) の場合，$Z_1' = Z_1 + jX, Z_2' = Z_2 + jX$ であるので

$$\frac{|Z_1' - Z_2'|}{|Z_1' + Z_2'^*|} = \frac{|Z_1 + jX - Z_2 - jX|}{|Z_1 + jX + Z_2^* - jX|} = \frac{|Z_1 - Z_2|}{|Z_1 + Z_2^*|}$$

が成立することが分かる．

(2) の場合，$Z_1' = N^2 Z_1, Z_2' = N^2 Z_2$．ただし $N:1$ は変成比．この場合も明らかに

$$\frac{|Z_1' - Z_2'|}{|Z_1' + Z_2'^*|} = \frac{|N^2(Z_1 - Z_2)|}{|N^2(Z_1 + Z_2^*)|} = \frac{|Z_1 - Z_2|}{|Z_1 + Z_2^*|}$$

が成立する．

最後に (3) の場合も $Z_1' = \frac{1}{Z_1}, Z_2' = \frac{1}{Z_2}$ であるので

$$\frac{|Z_1' - Z_2'|}{|Z_1' + Z_2'^*|} = \frac{\left|\frac{1}{Z_1} - \frac{1}{Z_2}\right|}{\left|\frac{1}{Z_1} + \frac{1}{Z_2^*}\right|} = \frac{|Z_1 - Z_2|}{|Z_1 + Z_2^*|}$$

が成立する．

こうして

$$M = \frac{|Z_1 - Z_2|}{|Z_1 + Z_2^*|}$$

が2状態ダイオードの回路不変量であることが証明できた．

5 章 の 問 題

□ **1** 任意の無損失相反2ポート回路は
  (1) 直列リアクタンス回路
  (2) インピーダンスインバータ
  (3) 理想変成器
の組合せで表現できることを示せ．

第6章

回路設計の入門

自分自身が無知であることを知っている人間は,
自分自身が無知であることを知らない人間より賢い.
―― ソクラテス

　回路設計も含めて工学上の目標は所望の特性を実現することにあるといえる. そして回路の伝達特性を実現するためには回路設計の手法を理解しておく必要がある. ここでは回路設計の手順を簡単に紹介していくことにする.

6.1　回路設計と周波数変換
6.2　ウィナーフィルタ
6.3　非励振問題と並列共振回路
6.4　複共振回路

6.1 回路設計と周波数変換

6.1.1 回路設計とは

伝達関数 $H(\omega)$ を所望の周波数の関数形に実現することを**回路設計**という．簡単な受動 LPF の設計例を示そう．直列 L と並列 R からなる 2 ポート回路を考える．

$$\frac{V_{\text{out}}(\omega)}{V_{\text{in}}(\omega)} = H(\omega) = \frac{R}{j\omega L + R}$$

$$\therefore \quad |H(\omega)|^2 = \frac{1}{\left(\frac{\omega}{\omega_c}\right)^2 + 1}$$

ただし，$\omega_c = \frac{R}{L}$．こうして

$$\left|\frac{\omega}{\omega_c}\right| \ll 1, \quad |H(\omega)|^2 \to 1$$

$$\left|\frac{\omega}{\omega_c}\right| \gg 1, \quad |H(\omega)|^2 \to 0$$

となり LPF 特性が実現できていることが分かる．

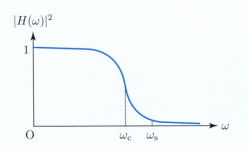

図 6.1

さらに LPF の設計を精密に議論すると 3 つの周波数領域に分解される．

(1) $|\omega| < \omega_c$：**通過域**
(2) $\omega_c < |\omega| < \omega_s$：**過渡域**
(3) $|\omega| > \omega_s$：**阻止域**

ω_s は遮断周波数．

6.1 回路設計と周波数変換

なお先程のフィルタは (n 次) **最平坦フィルタ**と呼ばれ

$$|H(\omega)|^2 = \frac{1}{1 + \left(\frac{\omega}{\omega_c}\right)^{2n}}$$

という周波数特性を有する．通過域の中心 ($\omega = 0$)，阻止域の中心 ($\omega = \infty$) で n 次微分まで 0 になっている．ただし，通過域の端 ($\omega = \pm\omega_c$) では $|H(\omega)|^2 = \frac{1}{2}$ となり 3 dB 低下してしまい，通過域での平坦性が失われてしまう．

次に**等リップル特性**（全ての極大値が等しく，また全ての極小値が等しい）を説明する．**等リップル多項式**とは

(1) $|x| < 1$ の範囲では $|F(x)| < 1$
(2) $F(x)$ の極大値 $= 1$, $F(x)$ の極小値 $= -1$
(3) $F(1) = 1$, $F(-1) = \pm 1$ ($x = \pm 1$ は極値を与える変数値ではない)

以上の性質を有する多項式を，微分方程式を手掛かりに探してみる．

$$\frac{dF(x)}{dx} = K \frac{\sqrt{1 - F(x)^2}}{\sqrt{1 - x^2}}$$

$$\int_1^F \frac{dF}{\sqrt{1 - F^2}} = K \int_1^x \frac{dx}{\sqrt{1 - x^2}}$$

例えば，$F = \cos(\theta)$ とおくと

$$\int_1^F \frac{dF}{\sqrt{1 - F^2}} = -\int_0^\theta \frac{\sin(\theta)}{\sin(\theta)} d\theta = -\theta, \quad \therefore \quad \theta = K\psi$$

ただし，$x = \cos(\psi)$.

$$\therefore \quad F(x) = \cos(K \cos^{-1}(x))$$

さらに $F(x)$ が x の多項式であることを考慮すると比例係数 K は整数 $K = n$ に限られることがわかる．なお

$$F(x) = \cos(n \cos^{-1}(x)) = T_n(x)$$

を n 次チェビシェフ（Chebyshev）**多項式**と呼ぶ．

$$T_0(x) = 1, \quad T_1(x) = x, \quad T_2(x) = 2x^2 - 1, \quad \cdots$$

一般化チェビシェフ多項式： チェビシェフ多項式は $|x|<1$ の範囲で等リップル性が実現するが，$|x|>1$ の範囲では単調増加関数となり極は無限遠にしか存在しない．そこで有限範囲でも極を持つような多項式が有用になり，急峻な遮断特性のフィルタなどに用いられる．等リップル性と有限点での極を有する多項式を**一般化チェビシェフ多項式**と呼ぶ．

以上のことより等リップル特性のLPF伝達関数 $S_{21}(\omega)$ は

$$|S_{21}(\omega)|^2 = \frac{1}{1+\varepsilon^2 T_n^2\left(\frac{\omega}{\omega_c}\right)}$$

ただし，ε はリップルレベル，$|\omega|<\omega_c$ は通過域．$|\omega|<\omega_c$ では $0<T_n^2\left(\frac{\omega}{\omega_c}\right)<1$ なので

$$\frac{1}{1+\varepsilon^2} < |S_{21}(\omega)|^2 < 1$$

の範囲にあることが分かる．一方，$|\omega|>\omega_c$ の阻止域では $T_n^2\left(\frac{\omega}{\omega_c}\right)$ は単調増加関数であるので $|S_{21}(\omega)|^2$ は単調減少特性となる．この LPE を**チェビシェフフィルタ**と呼ぶ．

なお関連する話題として，等リップル特性（サイドローブ特性）のアレイアンテナ指向性設計を紹介する．これは逆チェビシェフ特性というべき特性で通過域ではほぼ最平坦特性で阻止域では等リップル特性に相当する．ただし，周波数領域ではなくて，角度領域が設計対象になっていることに注意．

等間隔 d の素子数 n のリニアアレイアンテナを想定する．中心点 O に対して対称な励振係数 A_s とすると指向性 $D(\theta)$ は素子数の偶奇に応じて

$$D_e(\theta) = 2\sum_{s=1}^{n/2} A_s \cos((s-0.5)\psi), \quad D_o(\theta) = 2\sum_{s=0}^{(n-1)/2} A_s \cos(s\psi)$$

となる．ただし，$\psi = 2\pi d \frac{\cos(\theta)}{\lambda}$（$\lambda$：波長）．こうして指向性 $D(\theta)$ は $\cos(m\psi)$ の形の関数の和で表現されることが分かる．そして，この性質を利用するとビーム角を最小に抑えて，かつサイドローブを最小に抑えることができる．

m 次チェビシェフ多項式 $T_m(w)$ には次のような性質がある．

(1) $-1 \leqq w \leqq 1$ のとき $T_m(w)$ は ± 1 の間を振動
(2) $1<w$ のとき $T_m(w)>1$ で単調増加
(3) $-1>w$ のとき $|T_m(w)|>1$ で $|T_m(w)|$ は単調増加

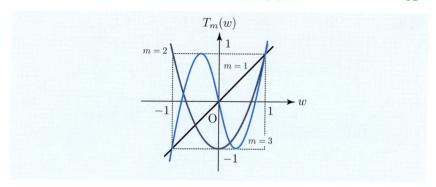

図 6.2

そこで

$$w = \eta \cos\left(\frac{\psi}{2}\right) = \eta x \quad (\eta > 1)$$

とおき

$$-\frac{1}{\eta} \leqq x \leqq 1$$

の範囲で x が変化するようにすると（つまり θ の範囲を決めると）$T_m(\eta x)$ に対して上記の (1), (2), (3) の関係が成立し，$T_m(\eta x)$ が 1 を超える範囲の割合が最小になる（つまりビーム幅が最小になる）．さて $x = \frac{1}{\eta}$ となる θ は θ_2 と $\pi - \theta_2$ となる．ただし，$2\pi d \frac{\cos(\theta_2)}{\lambda} = 2\cos^{-1}(\frac{1}{\eta})$. 結局，アンテナ間隔 d は

$$d = \lambda \left(1 - \frac{\cos^{-1}(\frac{1}{\eta})}{\pi}\right)$$

とする必要がある．さて主ビーム方向の指向性は

$$D\left(\tfrac{\pi}{2}\right) = T_m(\eta)$$

となる．また $0 \leqq \theta \leqq \theta_1$ と $\pi - \theta_2 \leqq \theta \leqq \pi$ の範囲では $|D(\theta)| \leqq 1$ となるのでサイドローブレベルの最大値は主ビームの $\frac{1}{T_m(\eta)}$ に抑えることができる．

　励振係数は多項式 $T_{n-1}(\eta x)$ をチェビシェフ多項式 $T_s(x)$ で展開することにより求めることができる．

第6章 回路設計の入門

例 6.1 アレイ数 $n = 5$ で $\frac{\text{主ビーム}}{\text{サイドローブ}} = 20$ とする．まず $T_4(\eta) = 20$ を解いて $\eta = 1.45$ となる．よって

$$D_5(\theta) = T_4(1.45x) = 36.0x^4 - 17.0x^2 + 1$$

一方，$T_2(x) = 2x^2 - 1$, $T_4(x) = 8x^4 - 8x^2 + 1$ の定義式より

$$D_5(\theta) = 2(A_0 + A_1 T_2(x) + A_2 T_4(x))$$
$$= 16A_2 x^4 + 4(A_1 - 4A_2)x^2 + 2(A_0 - A_1 + A_2)$$

すなわち

$$A_0 = 2.25, \quad A_1 = 4.75, \quad A_2 = 3.0$$

こうして励振係数は $(2.25, 4.75, 6.0, 4.75, 2.25)$ となる．また $d = 0.742\lambda$ となり，全体の長さは

$$4d = 2.97\lambda$$

となる．さらに $\theta_2 = 69.5°$ となり，指向性は

$$x = \cos\left(\frac{\psi}{2}\right) = \cos\left(\frac{\pi d}{\lambda}\cos(\theta)\right) = \cos(2.33\cos(\theta))$$

より

$$D_5(\theta) = 36\cos^4(2.33\cos(\theta)) - 17\cos^2(2.33\cos(\theta)) + 1$$

で与えられる． □

楕円フィルタ： 最後に**楕円フィルタ**を紹介する．多項式の極は無限遠点にしかないが，有理関数の極は有限点に存在しうる．そして通過域では極値の絶対値が全て等しく，阻止域でも極値が全て等しくなるように有理関数を設計することができる．設計に必要な微分方程式は

$$\frac{dF(x)}{dx} = K\frac{\sqrt{(1 - F(x)^2)(1 - m^2 F(x)^2)}}{\sqrt{(1 - x^2)(1 - M^2 x^2)}}$$

となる．なお通過域の境界は $x = \pm 1$ で阻止域の境界は $x = \pm\frac{1}{M}$，また阻止域での極値は $\pm\frac{1}{m}$ である．

6.1 回路設計と周波数変換

$$\therefore \int_1^F \frac{dF}{\sqrt{(1-F^2)(1-m^2F^2)}} = K \int_1^x \frac{dx}{\sqrt{(1-x^2)(1-M^2x^2)}}$$

ただし $F = \mathrm{cn}(\theta:m), x = \mathrm{cn}(\psi:M)$. なお $\mathrm{cn}(\theta:m)$ は**ヤコビ**（Jacobi）**の楕円関数**（母数 m）と呼ばれ，初等関数では表されない．

$$\therefore \quad \theta = K\psi, \quad F(x) = \mathrm{cn}(K\mathrm{cn}^{-1}(x))$$

この関数が有理関数になるためには

$$K = \frac{nK_0(m)}{K(M)} \quad (K_0(m), K(M):\text{第1種完全楕円積分値})$$

が要請される．この微分方程式の解を**楕円関数**と呼び，**電力伝達関数**は

$$|S_{21}(\omega)|^2 = \frac{1}{1+\varepsilon^2 F(\frac{\omega}{\omega_c}:m)^2}$$

と書ける．そして楕円フィルタは通過域，阻止域で極値が共に一定という性質をもつ．

フィルタの比較： 最平坦フィルタ，チェビシェフフィルタ，楕円フィルタの段数 n を比較してみる．ただし，L_R は通過域での反射損，L_A は阻止域の最小挿入損，γ は $\frac{阻止域端の周波数}{通過域端の周波数}$ とし，例えば $L_\mathrm{R} = 20\,\mathrm{dB}, L_\mathrm{A} = 50\,\mathrm{dB}, \gamma = 2$ とする．途中の計算を省略し結論だけ示すと

$$最平坦フィルタ: n \geqq \frac{L_\mathrm{R} + L_\mathrm{A} + 6}{20\log\gamma} = 11.7$$

$$チェビシェフフィルタ: n \geqq \frac{L_\mathrm{R} + L_\mathrm{A}}{20\log(\gamma + \sqrt{\gamma^2-1})} = 6.6$$

$$楕円フィルタ: n \geqq \frac{\frac{K(m)}{K'(m)}(L_\mathrm{R} + L_\mathrm{A} + 12)}{13.65} = 4.5 \quad (ただし\ m = 0.25)$$

となり複雑なフィルタになる程，段数 n が少なくなることが分かる．

6.1.2 周波数変換

周波数変換を施すことにより低域通過フィルタから別の特性のフィルタを容易に設計することができる．

(1) 低域通過 → 帯域通過：$s \to \dfrac{\frac{s}{\omega_0} + \frac{\omega_0}{s}}{A}$

ただし，$s = j\omega$ は複素角周波数，ω_0 は中心角周波数，通過帯域幅は A で変わる．つまり $-1 \leqq \omega \leqq 1$ を規格化通過帯域幅とすれば，$\omega = 0$ の中心周波数は $\omega = \omega_0$ に相当し，また通過帯域幅の端 $\omega = 1$ は $\frac{\omega}{\omega_0} = \frac{A+\sqrt{A^2+4}}{2}$ で，もう一方の端 $\omega = -1$ は $\frac{\omega}{\omega_0} = \frac{-A+\sqrt{A^2+4}}{2}$ となる．よって通過帯域幅 BW は $BW = \omega_0 A$ となるので $A = \frac{BW}{\omega_0}$ となる．さらに周波数変換を素子値と結線構造に翻訳すると，例えば直列インダクタンスは直列共振のインダクタンスと静電容量に変換される．

(2) 低域通過 → 高域通過：$s \to \dfrac{1}{s}$

この場合はインダクタンス $\Leftrightarrow$ 静電容量に変換される．

(3) 低域通過 → 帯域阻止：$s \to \dfrac{A}{\frac{s}{\omega_0} + \frac{\omega_0}{s}}$

この場合はインダクタンスが並列共振回路に変換される．

(4) 低域通過 → 低域通過：$|\omega| \leqq 1$ を $|\omega| \leqq \omega_c$ に変換するのは $s \to \dfrac{s}{\omega_c}$

この場合は素子値が ω_c 倍されるだけである．

6.2　ウィナーフィルタ

さて信号の確率過程としての定常性や信号のフィルタリングと回路設計の話題を組み合わせて議論してみよう．

例題 6.1

$$r(t) = s(t) + n(t)$$

$s(t)$：送信信号で定常確率過程として特徴付けられている．
$r(t)$：受信信号．
$n(t)$：受信器での（加法性）雑音確率過程として特徴付けられている．
$h(\tau)$：フィルタリングのインパルス関数，確定した時間関数．
$s'(t) = \int_0^\infty h(\tau)r(t-\tau)d\tau$：フィルタリング後の信号．
以上の条件下で最適フィルタリングを求めよ．

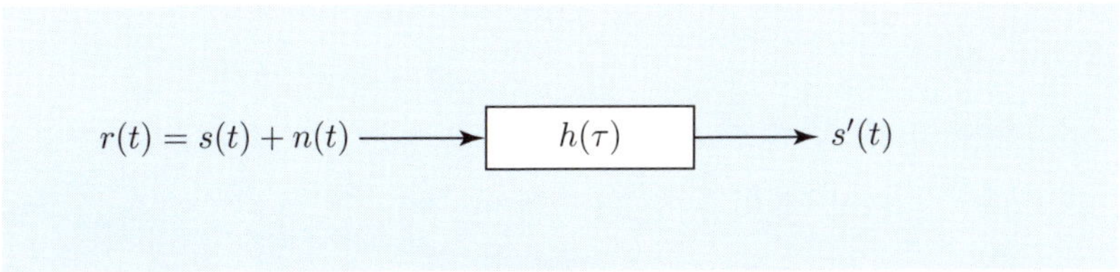

図 6.3

【解答】 最適フィルタリングは

$$J = J_1 + 2J_2 + J_3 = E\{(s'(t) - s(t))^2\}$$

が最小になるように $h(\tau)$ を設計することに帰着され，変分法の解として与えられる．

$$\begin{aligned}
J_1 &= E\{s'(t)^2\} = E\left\{\int_0^\infty h(\tau)r(t-\tau)d\tau \int_0^\infty h(\tau')r(t-\tau')d\tau'\right\} \\
&= \int_0^\infty h(\tau)\int_0^\infty h(\tau')E\{r(t-\tau)r(t-\tau')\}d\tau d\tau' \\
&= \int_0^\infty h(\tau)\int_0^\infty h(\tau')\{R_{ss}(\tau-\tau') + R_{nn}(\tau-\tau')\}d\tau d\tau'
\end{aligned}$$

ただし，$s(t)$ と $n(t)$ の自己相関関数をそれぞれ

$$E\{s(t-\tau)s(t-\tau')\} = R_{ss}(\tau-\tau'), \quad E\{n(t-\tau)n(t-\tau')\} = R_{nn}(\tau-\tau')$$

$$E\{n(t)\} = 0$$

とし，さらに $s(t)$ と $n(t)$ の無相関性と定常性を用いている．同様に

$$J_2 = E\{s'(t)s(t)\} = \int_0^\infty h(\tau)E\{r(t-\tau)s(t)\}d\tau$$
$$= \int_0^\infty h(\tau)R_{ss}(\tau)d\tau$$
$$J_3 = E\{s(t)s(t)\} = R_{ss}(0)$$
$$\therefore \quad J = \int_0^\infty h(\tau)\int_0^\infty h(\tau')\{R_{ss}(\tau-\tau') + R_{nn}(\tau-\tau')\}d\tau d\tau'$$
$$- 2\int_0^\infty h(\tau)R_{ss}(\tau)d\tau + R_{ss}(0) \qquad \square$$

こうして信号 $s(t)$ と雑音 $n(t)$ の自己相関特性が与えられると最適フィルタリングのインパルス関数 $h(\tau)$ が決定される．

$$\int_0^\infty (R_{nn}(t-\tau) + R_{ss}(t-\tau))h(\tau)d\tau = R_{ss}(t) \quad (0 < t < \infty)$$

これは，フィルタの因果性を考慮したものである．この積分方程式の解を**ウィナーフィルタ**と呼ぶ．

■ 例題 6.2

$$R_{ss}(t) = \frac{b^2\exp(-a|t|)}{2a}, \quad R_{nn}(t) = \delta(t)$$

の場合

$$h(\tau) = (c-a)\exp(-c\tau)$$

となる．ただし，$c^2 = b^2 + a^2$ としてフィルタリング効果を計算せよ．

【解答】 まずフィルタリングをしなかった場合
$$J = E\{n(t)^2\} = 1$$

最適フィルタリングをした場合
$$J_{\min} = R_{ss}(0) - \int_0^\infty h(\tau) R_{ss}(\tau) d\tau = \frac{b^2}{2a\left(1 - \frac{c-a}{c+a}\right)}$$
$$= \frac{b^2}{c+a} = c - a \qquad \square$$

例題 6.3

デジタル通信の信号を
$$s(t) = \sum_{n=-\infty}^\infty A_n f(t - nT)$$

A_n はデジタル変調シンボル，$\{A_n\}$ は独立で同一の確率分布に従う確率変数で，$E\{A_n\} = 0, E\{|A_n|^2\} = P$ とする．なお T はシンボル周期で，$f(t)$ は固定した送信信号波形としてデジタル通信の信号が周期定常過程となることを確認せよ．

【解答】
$$R_{ss}(t, t') = E\{s(t) s(t')^*\}$$
$$= E\left\{ \sum_n \sum_m A_n A_m^* f(t - nT) f^*(t' - mT) \right\}$$
$$= \sum_n P f(t - nT) f^*(t' - nT)$$
$$= R_{ss}(t - kT, t' - kT)$$

となり周期定常過程になることが分かる．また周波数領域で表現すると
$$S(\omega) = \sum_{n=-\infty}^\infty A_n F(\omega) \exp(-jn\omega T), \quad E\{|S(\omega)|^2\} = \sum_{n=-\infty}^\infty P |F(\omega)|^2$$

となる． $\square$

6.3 非励振問題と並列共振回路

6.3.1 複素共振周波数

次に励振問題と非励振問題の関係を整理しておく．これはアンテナ散乱体問題における**特性モード解析**と関係している．対象は簡単な単共振並列回路 (G, C, L) を取り上げる．

非励振問題（複素共振周波数）： 外部からの励振信号が供給されない非励振問題でも外部に G_0 が接続されているので $G \to G + G_0 = G'$ と定義しておく．そして共振の鋭さを表す Q 値は負荷 Q 値 Q_1 となり

$$Q_1 = \frac{\omega_0 C}{G + G_0} = \frac{\omega_0}{2\alpha}$$

となる．ただし，α は後述の減衰係数である．特に整合が取れている場合 $(G = G_0)$ は

$$Q_1 = \frac{Q_0}{2}$$

となる．なお決定方程式は

$$Y(s) = G' + sC + \frac{1}{sL} = 0$$

であり，その解は

$$s^2 CL + sG'L + 1 = 0$$

$$\therefore \quad s = \frac{-G'L \pm \sqrt{(G'L)^2 - 4CL}}{2CL} \quad \rightarrow \textbf{複素共振周波数}である．$$

通常は $(G'L)^2 \ll 4CL$ なので

$$s = -\frac{G'}{2C} \pm j\frac{1}{\sqrt{LC}} = -\alpha \pm j\omega_0$$

ただし α は減衰係数，ω_0 は共振周波数．なお Q 値は負荷 Q 値となり

$$Q_1 = \frac{\omega_0 C}{G + G_0} = \frac{\omega_0}{2\alpha}$$

こうして複素共振周波数の実部と虚部より共振周波数と負荷 Q 値の 2 個が求まる．ただし，共振抵抗は未知である．

6.3 非励振問題と並列共振回路

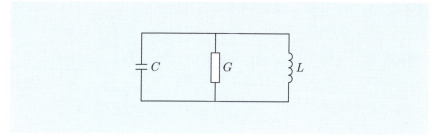

図 6.4

6.3.2 並列共振型の吸収特性

並列共振回路の応用例として狭帯域な**電波吸収体**の解析をしてみる．並列共振回路のサセプタンス B の共振周波数近傍での近似式は

$$B = \omega C - \frac{1}{\omega L}$$

となる．ただし，共振周波数 $\omega_0 = \frac{1}{\sqrt{LC}}$．

$$\therefore \quad B = 0 \quad (\omega = \omega_0 \text{ のとき})$$

一方

$$\frac{\partial B}{\partial \omega} = C + \frac{1}{\omega^2 L}$$

$$\therefore \quad \frac{\partial B}{\partial \omega} = C + \frac{1}{\omega_0 L}B = C + C \quad (\omega = \omega_0 \text{ のとき})$$

以上のことから共振周波数を中心とした1次までのテイラー（Taylor）級数展開により共振周波数近傍のサセプタンス B は

$$B \fallingdotseq 2C(\omega - \omega_0)$$

と近似できる．

第 6 章　回路設計の入門

<u>電波吸収体の設計目標：</u>　電力反射係数 $|\varGamma|^2$ が $|\varGamma|_0^2$ 以下となる周波数範囲を電波吸収体の動作帯域とする．

例 6.2　$|\varGamma|_0^2 = 0.03 = -15\,\mathrm{dB}$，入射電力の 97% を吸収．電波吸収体を並列共振回路のアドミタンス Y で表現できるとする．

$$Y = G + jB$$

ただし，G は定数のコンダクタンス．この場合**反射係数** $\varGamma$ は

$$\varGamma = \frac{Y_0 - Y}{Y_0 + Y} = \frac{1 - y}{1 + y}$$

ただし，$y = \frac{Y}{Y_0}$ は正規化アドミタンス，Y_0 は基準アドミタンス $\frac{1}{120\pi}S$．なお，正規化しても共振周波数や Q 値は変わらないことに注意．

次に電力反射係数 $|\varGamma|^2$ を求める．

$$|\varGamma|^2 = \frac{(1-g)^2 + b^2}{(1+g)^2 + b^2}$$

ただし，$y = g + jb$．さらに動作周波数帯域は

$$\frac{(1-g)^2 + b^2}{(1+g)^2 + b^2} \leq |\varGamma|_0^2$$

$$\therefore\ (1-g)^2 + b^2 \leq |\varGamma|_0^2\{(1+g)^2 + b^2\}$$

$$\therefore\ b^2(1 - |\varGamma|_0^2) \leq |\varGamma|_0^2\{(1+g)^2 - (1-g)^2\}$$

$$\therefore\ b^2 \leq \frac{|\varGamma|_0^2\{(1+g)^2 - (1-g)^2\}}{1 - |\varGamma|_0^2}$$

ここで解析を簡略化して $g = 1$ とする（完全整合）．なお広帯域設計の観点からは g の最適値は $g = 1$ ではないがほぼ $g = 1$ に近い．つまり共振周波数で $\varGamma = 0$ とする．

[補足]　厳密な広帯域設計における g の最適値は $g = \frac{1-|\varGamma|^2}{1+|\varGamma|^2} = 0.94$．またそのときの比動作帯域幅は $|2c(\omega - \omega_0)| \leq \frac{2|\varGamma|_0}{1-|\varGamma|_0^2} = 0.37$ であり，$\frac{|2(\omega-\omega_0)|}{\omega_0} = \frac{0.37}{Q}$ となる．

以上のことより $Q = 20$ の場合は比動作帯域幅 $\frac{|2(\omega-\omega_0)|}{\omega_0} = 1.8\%$ となる．□

6.4 複共振回路

関連した話題として複共振回路を取り上げる．2つの共振周波数をずらすことによって周波数特性を拡げることができる．ここでは2つの並列共振回路が直列接続された回路を例に取り上げる．また議論を簡単にするため2つの並列共振回路の共振コンダクタンスは等しく

$$G = G_1 = G_2$$

とし，また無負荷Q値も等しいとする．

$$Q_0 = \frac{\omega_1 C_1}{G} = \frac{\omega_2 C_2}{G}$$

ただし2つの共振周波数の差はあるとする．

$$\omega_1 - \omega_2 \neq 0$$

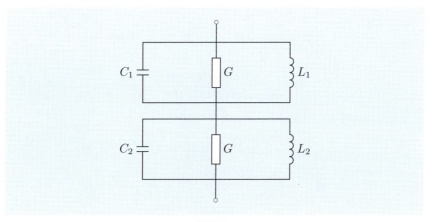

図 6.5

この1ポート回路の正規化インピーダンスは

$$Z = \frac{1}{G + jB_1} + \frac{1}{G + jB_2} = R_1 + jX_1 + R_2 + jX_2 = R + jX$$

となる．ただし，$B_1 = 2C(\omega - \omega_1) = B - B'$, $B_2 = 2C(\omega - \omega_2) = B + B'$,

$C_1 \fallingdotseq C, C_2 \fallingdotseq C$ とする.

$$\therefore \quad B = \frac{B_1 + B_2}{2} = 2C(\omega - \omega_0), \quad B' = \frac{B_2 - B_1}{2} = C(\omega_1 - \omega_2)$$

ただし, $\omega_0 = \frac{\omega_1 + \omega_2}{2}$ は中心周波数, B' は共振周波数差に比例.

$$R_1 = \frac{G}{D_1}, \quad R_2 = \frac{G}{D_2}, \quad D_1 = G^2 + B_1^2, \quad D_2 = G^2 + B_2^2$$

$$R = \frac{G(2G^2 + B_1^2 + B_2^2)}{\frac{D_1}{D_2}}$$
$$= \frac{2G(G^2 + B^2 + B'^2)}{G^4 + 2G^2(B^2 + B'^2) + (B^2 - B'^2)^2}$$
$$= \frac{2G(G'^2 + B^2)}{G'^4 + 2(G^2 - B'^2)B^2 + B^4}$$

ただし $G'^2 = G^2 + B'^2$ と定義する. また

$$X = X_1 + X_2 = -\frac{B_1}{D_1} - \frac{B_2}{D_2}$$
$$= -\frac{(B_1 + B_2)G^2 + B_1 B_2(B_2 + B_1)}{G'^4 + 2(G^2 - B'^2)B^2 + B^4}$$
$$= -\frac{2B(G^2 + B^2 - B'^2)}{G'^4 + 2(G^2 - B'^2)B^2 + B^4}$$

次に反射係数 Γ を求める.

$$\Gamma = \frac{Z - 1}{Z + 1}$$
$$\therefore \quad |\Gamma|^2 = \frac{(R - 1)^2 + X^2}{(R + 1)^2 + X^2} = 1 - \frac{4R}{(R + 1)^2 + X^2}$$
$$\therefore \quad 1 - |\Gamma|^2 = \frac{4R}{(R + 1)^2 + X^2}$$

特に中心周波数では $B = 0$ なので

$$R = 2\frac{G}{G'^2}, \quad X = 0$$

なお一般には $1 - |\Gamma|^2$ は B^2 の $\frac{3次多項式}{4次多項式}$ の有理関数となる.

6.4 複共振回路

$$1 - |\Gamma|^2$$
$$= \frac{8G(G'^2 + B^2)\{G'^4 + 2(G^2 - B'^2)B^2 + B^4\}}{\{2G(G'^2 + B^2) + G'^4 + 2(G^2 - B'^2)B^2 + B^4\}^2 + [2B\{G'^4 + 2(G^2 - B'^2)B^2 + B^4\}]^2}$$

特に中心周波数近傍 $B^2 \ll 1$ では

$$1 - |\Gamma|^2 \fallingdotseq \frac{8G(G'^2 + B^2)\{G'^4 + 2(G^2 - B'^2)B^2\}}{\{2G(G'^2 + B^2) + G'^4 + 2(G^2 - B'^2)B^2\}^2 + 2B(G'^4)^2}$$

$$\fallingdotseq \frac{8G[G'^6 + \{G'^4 + 2(G^4 - B'^4)\}B^2]}{\{2G(G'^2 + B^2) + G'^4 + 2(G^2 - B'^2)B^2\}^2 + 2B(G'^4)^2}$$

よって $3G^4 + 2B'^2G^2 - B'^4 = (3G^2 - B'^2)(G^2 + B'^2) > 0$ であれば $|\Gamma|$ は ω_0 で極大となる．つまり $3G^2 > B'^2$ であれば極大となる．

最終的には指定された $1 - |\Gamma|^2$ を満足する B^2 が最大化するように設計することが広帯域設計になる．

複共振吸収体の共振抵抗の範囲設計事例：

$$B'^2 = \frac{(G+1)^2|\Gamma| - (G-1)^2}{1 - |\Gamma|} \geqq 0$$

よって（正規化）共振抵抗 R は

$$R = \frac{1 - \sqrt{|\Gamma|}}{1 + \sqrt{|\Gamma|}} \sim \frac{1 + \sqrt{|\Gamma|}}{1 - \sqrt{|\Gamma|}}$$

例 6.3 $|\Gamma| = -15\,\mathrm{dB} = 0.178$ の場合，$R = 0.407 \sim 2.46$．なお単共振の場合は $R = \frac{1-|\Gamma|}{1+|\Gamma|} = 0.698$，もしくは $\frac{1+|\Gamma|}{1-|\Gamma|} = 1.43$． □

なお

$$B = C(\omega - \omega_0) = \frac{GC\omega_0}{\frac{G(\omega - \omega_0)}{\omega_0}} = GQx$$

ただし，$x = \frac{\omega - \omega_0}{\omega_0}$ は正規化比帯域幅であり，$|\Gamma|$ は G, B', B の関数である．しかし中心周波数での反射係数の大きさ $|\Gamma|_0$ と Q 値が指定されているとすると，与えられた $|\Gamma|_0$ と G に対して B' は一意に決定されるので $|\Gamma| \leqq |\Gamma|_0$ を満足する x（正規化比帯域幅）を最大にするパラメタは G だけとなる．

複共振における 2 つの共振周波数差の最適設計： 中心周波数 ω_0 で $|\Gamma|_0^2 = -15\,\mathrm{dB}$ となるためには

$$R = \frac{2G}{G'^2} = \frac{2G}{G^2 + B'^2}$$

の関係を用いる．

$$\therefore B'^2 = \frac{2G}{R} - G^2$$

また $R = \frac{1+|\Gamma|_0}{1-|\Gamma|_0}$ もしくは $\frac{1-|\Gamma|_0}{1+|\Gamma|_0}$ であるので

$$B'^2 = \frac{2G(1-|\Gamma|_0)}{1+|\Gamma|_0} - G^2 = \frac{1-3|\Gamma|_0}{1+|\Gamma|_0}$$

もしくは

$$\frac{1+3|\Gamma|_0}{1-|\Gamma|_0}$$

となるので 2 つの共振周波数差 $|\omega_1 - \omega_2|$ は

$$\frac{|\omega_1 - \omega_2|}{\omega_0} = \frac{\sqrt{\frac{1-3|\Gamma|_0}{1+|\Gamma|_0}}}{Q} = \frac{0.63}{Q}$$

もしくは

$$\frac{\sqrt{\frac{1+3|\Gamma|_0}{1-|\Gamma|_0}}}{Q} = \frac{1.365}{Q}$$

が必要である．ただし，2 つの並列共振器の共振抵抗は共に $120\pi\,\Omega$ で Q 値も等しいと仮定している．

6 章 の 問 題

☐ **1** 2 次の最平坦特性の LPF を設計せよ．

第7章

回路設計の関連事項

> 人間がコントロールできる範囲はわれわれが
> ふだん考えている以上に狭い.
> ——ソルジェニーツィン「ガン病棟」

ここでは回路設計に必要な技法とそれらに関連した話題をいくつか紹介していこう.

7.1 励振問題
7.2 双 1 次変換とスミスチャート
7.3 差動回路
7.4 変成器と全域通過回路

7.1 励振問題

次に並列共振系を外部から励振した場合の応答を検討しておく．応答は反射係数で表現される．
反射係数：

$$\Gamma(\omega) = \frac{G_0 - Y}{G_0 + Y} = \frac{G_0 - G - jB}{G_0 + G + jB}$$

ただし，G_0 は基準アドミタンス $\frac{1}{120\pi}S$，$B = \omega C - \frac{1}{\omega L}$ はサセプタンス．

$$\therefore \quad |\Gamma(\omega)|^2 = \frac{(G_0 - G)^2 + B^2}{(G_0 + G)^2 + B^2}$$

よって動作周波数 ω を変化させたときの $|\Gamma(\omega)|^2$ の最小値は

$$\mathrm{Min}\{|\Gamma(\omega)|^2\} = \frac{(G_0 - G)^2}{(G_0 + G)^2} \quad (B = 0, \omega = \omega_0 \text{ のとき})$$

これは共振時の応答である．一方，$|\Gamma(\omega)|^2$ の最大値は

$$\mathrm{Max}\{|\Gamma(\omega)|^2\} = 1 \quad (B = \pm\infty \text{ のとき})$$

となり，非共振時（もしくは共振周波数から十分離れた場合）に相当する．

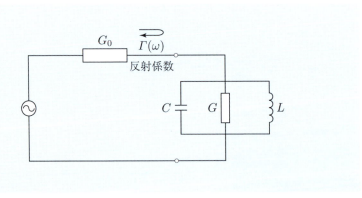

図 7.1

7.1 励振問題

次に共振の鋭さを示す指標として**半値幅**を定義する．
半値幅:

$$|\Gamma(\omega)|^2 = \frac{|\Gamma(\omega)|^2_{\min} + |\Gamma(\omega)|^2_{\max}}{2} = \frac{G_0^2 + G^2}{(G_0 + G)^2}$$

これを周波数の変化で捉えると

$$B = \pm(G_0 + G) \fallingdotseq 2\Delta\omega C$$

$$\therefore \text{比半値幅} = 2\frac{\Delta\omega}{\omega_0} = \frac{G_0 + G}{\omega_0 C} = \frac{1}{Q_l}$$

ただし

$$Q_l = \frac{\omega_0 C}{G_0 + G}$$

は負荷 Q 値．

以上を整理すると共振時の反射係数 $|\Gamma|_{\min}$ から正規化コンダクタンスは

$$\frac{G}{G_0} = \frac{1 - |\Gamma|_{\min}}{1 + |\Gamma|_{\min}}$$

もしくは

$$\frac{G_0}{G} = \frac{1 - |\Gamma|_{\min}}{1 + |\Gamma|_{\min}}$$

で与えられ，また $|\Gamma|_{\min}$ を与える周波数より共振周波数が決定される．

さらに比半値幅 $\frac{2\Delta\omega}{\omega_0}$ より負荷 Q 値が求まり，ひいては無負荷 Q 値も求まることになる．つまり反射係数の周波数特性から共振系の 3 個の回路パラメタが推定される．

7.2 双1次変換とスミスチャート

2ポート回路のインピーダンス変換機能を考える．ポート♯1を入力ポート，ポート♯2を出力ポートとする．出力ポートにZ_Lの負荷インピーダンスを接続すると，入力ポートから見込んだ入力インピーダンスZ_inは

$$V_1 = Z_{11}I_1 + Z_{12}I_2, \quad V_2 = Z_{21}I_1 + Z_{22}I_2 = -Z_\mathrm{L}I_2$$

$$\therefore \quad I_2 = -\frac{Z_{21}I_1}{Z_{22} + Z_\mathrm{L}}$$

$$\therefore \quad Z_\mathrm{in} = \frac{V_1}{I_1} = Z_{11} - \frac{Z_{12}Z_{21}}{Z_{22} + Z_\mathrm{L}} = F(Z_\mathrm{L})$$

こうして$Z_\mathrm{L} \to Z_\mathrm{in}$を結び付ける関数$F(Z_\mathrm{L})$は分子関数，分母関数がともに1次関数であり**双1次関数（メビウス（Möbius）変換）**と呼ばれる．

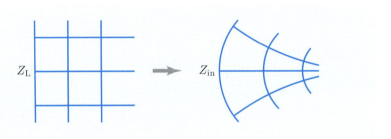

図 7.2

さて$F(Z_\mathrm{L})$を2つの複素平面$Z_\mathrm{L}, Z_\mathrm{in}$の間の写像と考えると**円–円写像**が成立していることが分かる．つまり複素平面Z_L上の任意の円の写像先の複素平面Z_Lでの軌跡は必ず円になるという性質である．ただし，特例として直線（半径無限大の円）を含むとする．同様に反射係数や$[S]$行列で表現すると

$$b_1 = S_{11}a_1 + S_{12}a_2, \quad b_2 = S_{21}a_1 + S_{22}a_2$$

また$a_2 = \Gamma_\mathrm{L}b_2$であるから

$$\therefore \quad b_2 = \frac{S_{21}a_1}{1 - S_{22}\Gamma_\mathrm{L}}, \quad a_2 = \frac{\Gamma_\mathrm{L}S_{21}a_1}{1 - S_{22}\Gamma_\mathrm{L}}$$

よってポート♯1での反射係数は

7.2 双1次変換とスミスチャート

$$\Gamma_{\mathrm{in}} = \frac{b_1}{a_1} = \frac{S_{11} + \Gamma_{\mathrm{L}} S_{21}}{1 - S_{22} \Gamma_{\mathrm{L}}}$$

$$= \frac{S_{11} - \Delta \Gamma_{\mathrm{L}}}{1 - S_{22} \Gamma_{\mathrm{L}}}$$

$$= G(\Gamma_{\mathrm{L}})$$

ただし，$\Delta = S_{11} S_{22} - S_{12} S_{21}$ となり**負荷反射係数** Γ_{L} と**入力反射係数** Γ_{in} との関係も双1次関数になることがわかる．さらに言えば，インピーダンスと反射係数との関係も双1次関数になっている．

$$\Gamma = \frac{Z - Z_0}{Z + Z_0}$$

ただし，Z_0 は基準インピーダンス．また双1次関数の逆関数も双1次関数である．

影像パラメタ： さて有限長の一様な分布定数線路（第11章）は，線路の出入り口をポートと考えれば線路（波動）インピーダンスと伝搬定数（＋線路長）という量で特徴付けられる2ポート回路とも考えられる．ではより一般的な回路結線構造を内部に有する2ポート回路に対しても線路インピーダンスや伝搬定数に類似した概念は成立するであろうか？　結論から言うと「Yes」である．それらは**影像パラメタ**と呼ばれ1920年代からフィルタや等化器の設計に用いられてきた．必ずしも一様分布定数線路のような簡単な構造でない一般的な2ポート回路に対しても波動伝搬的な概念と取り扱いができるとしたことはシステム表現に対する一般化の試みとも理解される．

具体的に示すと2ポート線形回路に対する3個の影像パラメタ $(Z_{\mathrm{I}1}, Z_{\mathrm{I}2}, \theta)$ とインピーダンス行列要素 $(Z_{11}, Z_{12}, Z_{21}, Z_{22})$ とは

$$Z_{\mathrm{I}1} = \sqrt{\frac{\Delta Z_{11}}{Z_{22}}}, \quad Z_{\mathrm{I}2} = \sqrt{\frac{\Delta Z_{22}}{Z_{11}}}, \quad \theta = \frac{\log\left(\frac{\sqrt{Z_{11} Z_{22}} + \sqrt{\Delta}}{\sqrt{Z_{11} Z_{22}} - \sqrt{\Delta}}\right)}{2}$$

で結び付けられる．ただし，$\Delta = Z_{11} Z_{22} - Z_{12} Z_{21}$．

なお影像インピーダンスとは出力ポートに $Z_{\mathrm{i}2}$ を接続したときに入力インピーダンスが $Z_{\mathrm{i}1}$ となり，逆に入力ポートに $Z_{\mathrm{i}1}$ を接続した場合に出力ポートから見込んだ入力インピーダンスが $Z_{\mathrm{i}2}$ となる量として定義される．そして

$$Z_{i1} = \sqrt{Z_{oc}Z_{sc}}, \quad Z_{i2} = \sqrt{Z'_{oc}Z'_{sc}}$$

とまとめられる．ただし，Z_{oc} は出力ポートを開放した場合の入力インピーダンスであり，Z_{sc} は出力ポートを短絡した場合の入力インピーダンスである．同様に，入力ポートを開放および短絡した場合の出力ポートから見込んだインピーダンスを Z'_{oc}, Z'_{sc} と定義する．また伝達パラメタ θ は

$$\theta = \frac{\log\left(\frac{V_1 I_1}{V_2 I_2}\right)}{2}$$

で与えられる．さらに出力ポートに（任意の）負荷インピーダンス Z_L を接続すると入力ポートでの入力インピーダンス Z_i は

$$Z_i = Z_{11} - \frac{Z_{21}Z_{12}}{Z_{22} + Z_L} \tag{7.1}$$

となるが，入出力ポートでの基準インピーダンスをそれぞれ Z_{I1}, Z_{I2} とした場合のそれぞれのポートでの反射係数 ρ_i, ρ_L を

$$\rho_i = \frac{Z_i - Z_{I1}}{Z_i + Z_{I1}}, \quad \rho_L = \frac{Z_L - Z_{I2}}{Z_L + Z_{I2}}$$

で定義すると

$$\rho_i = \rho_L \exp(-2\theta) \tag{7.2}$$

と簡潔に表現できる．なおこれらの量は全て複素数であり，例えば θ の実部，虚部が減衰量や位相回転を表している．この (7.2) は (7.1) よりはるかに簡単で，スミスチャートでの重要な式になる．

回路の縦続接続： しかしながら2つの2ポート回路を縦続接続した場合，最終的な影像パラメタは個々の影像パラメタからは簡単には与えられず複雑な計算が必要になる．多くの場合，複数の2ポート回路を縦続接続していき所望の特性を実現することが行われる．つまり，個別回路のシステム表現だけでなく，それらを合成・接続して得られる回路に対しても見通しの良いシステム表現になっていることも重要である．それに先出のように影像インピーダンスの計算自体もそれほど簡単ではない．

スミスチャート： さて一方，均一で有限長の線路（第 11 章の分布定数回路）からなる特別な 2 ポート回路を考える．これは実用的にも重要な回路で，例えば負荷インピーダンスと入力インピーダンスの関係はよく知られた**スミスチャート**（Smith chart）と呼ばれる円線図（基準インピーダンスで規格化したインピーダンスと反射係数とを同時に表示）を使えば，視覚的にも極めて容易に計算・推測することができる．また整合を取るためのスタブ設計も簡単にできる．発表されたスミスチャートには電源側，負荷側の矢印まで記載されているので，きっと現場の技術者にとってはとても重宝されたことと考えられる．そしてわざわざ有限長線路を 2 ポート回路と意識することもなく，どれだけの線路長が必要なのかが視覚的にも簡潔に理解されたのだろう．つまり影像パラメタ θ を計算しなくても 線路長 $\times \frac{2\pi}{\lambda}$ で求まる．ただし λ は波長．

日本でもほぼ同時期に水橋氏が類似の円線図を提案している．ただし，設計解析の対象を伝送線路に限定した形ではなくてより広い回路構造での整合問題を取り扱っている．その意味ではかえって円線図の役割が減じてしまいスミスチャート の簡明さ使い易さが損われて現場の技術者にはハードルが高くなってしまったようで残念である．

● **コラム** ●

問題を一般化して一見関係なさそうな事項を深く関連つけることは重要なことである．例えば単純な線路構造ではない複雑な 2 ポート回路に対しても反射係数の変換公式が (7.2) で与えられるという事実は意外性を持って受け止められるであろう．一方，検討対象を限定することによって（特にそれらが実用上有益であるならば）見通しの良い設計・解析が可能になる場合がある．つまり (7.2) を用いるためには影像インピーダンスを計算する必要があるが，単純な有限長線路では特性インピーダンスと伝搬定数と線路長さえ知っていれば影像インピーダンスの計算は不要になる．1920 年代には (7.2) は既に知られていたようだが，スミスチャートの提案によって (7.2) は初めて実用上の価値を獲得したと言えるのであろう．

このように我々にはこうした 2 つの異なる視座が常に求められているのではないだろうか？ そして現場の技術者にとって分かり易い設計・解析ツールを提供することは回路の整合問題に限らず常に重要なことと思われる．

7.3 差動回路

半導体集積回路では単相回路ではなくて差動動作の回路が広く用いられている．ここで簡単に**差動回路**を紹介しておこう．1 ポート回路は鳳–テブナンの定理によれば，開放電圧源 e と電源インピーダンス Z_g の直列接続で表現される．次に 2 ポート回路に一般化すると

$$v = e + [Z]i$$

となる．ただし，v, e, i は 2 次元ベクトルで $[Z]$ は 2×2 行列で差動回路では対称性がある．つまり，

$$Z_{11} = Z_{22}, \quad Z_{12} = Z_{21}$$

一方差動動作を想定しているので

$$e_2 = -e_1, \quad i_2 = -i_1, \quad v_2 = -v_1$$

となる．

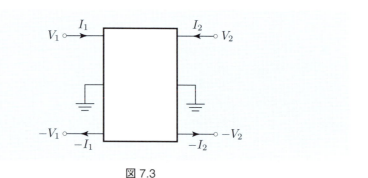

図 7.3

差動動作の 1 ポート回路は

$$v = v_1 - v_2 = 2v_1$$
$$i = i_1 = -i_2$$
$$e = e_1 = -e_2$$

7.3 差動回路

より

$$v = 2v_1 = 2e + 2(Z_{11} - Z_{12})i$$

となり有能電力 P_d は

$$P_\mathrm{d} = \frac{4|e|^2}{8(R_{11} - R_{12})}$$

一方，♯1 ポートだけを用いた単相動作の場合は $i_2 = 0$ と課すことにより

$$v_1 = e_1 + Z_{11}i_1$$

となるので有能電力 P_s は

$$P_\mathrm{s} = \frac{|e|^2}{4R_{11}}, \qquad \therefore \quad \frac{P_\mathrm{d}}{P_\mathrm{s}} = \frac{2R_{11}}{R_{11} - R_{12}}$$

例えば，2 ポート電源インピーダンス回路を π 型で表現すると

$$Z_{11} = Z_\mathrm{a} \parallel (Z_\mathrm{b} + Z_\mathrm{a}) = \frac{Z_\mathrm{a}(Z_\mathrm{b} + Z_\mathrm{a})}{Z_\mathrm{b} + 2Z_\mathrm{a}}$$

$$Z_{12} = \frac{Z_{11}Z_\mathrm{a}}{Z_\mathrm{b} + Z_\mathrm{a}} = \frac{Z_\mathrm{a}^2}{Z_\mathrm{b} + 2Z_\mathrm{a}}$$

$$\therefore \quad \frac{2Z_{11}}{Z_{11} - Z_{12}} = \frac{2Z_\mathrm{a}Z_\mathrm{b} + Z_\mathrm{a}}{Z_\mathrm{a}Z_\mathrm{b}} = 2\left(1 + \frac{Z_\mathrm{a}}{Z_\mathrm{b}}\right)$$

$$\therefore \quad \frac{P_\mathrm{d}}{P_\mathrm{s}} = 2\left(1 + \frac{R_\mathrm{a}}{R_\mathrm{b}}\right)$$

7.4 変成器と全域通過回路

巻き数比が $N:1$ の変成器の入出力電圧電流には

$$V_1 = NV_2, \quad NI_1 = I_2$$

の関係が成立する．これを $2n$ ポートに一般化すると

$$\boldsymbol{V} = [N]\boldsymbol{V}', \quad \boldsymbol{I} = [N]^t \boldsymbol{I}'$$

となる．ただし，$\boldsymbol{V}$ は入力側電圧ベクトル，$\boldsymbol{V}'$ は出力側電圧ベクトル，$\boldsymbol{I}$ は入力側電流ベクトル，$\boldsymbol{I}'$ は出力側電流ベクトル．

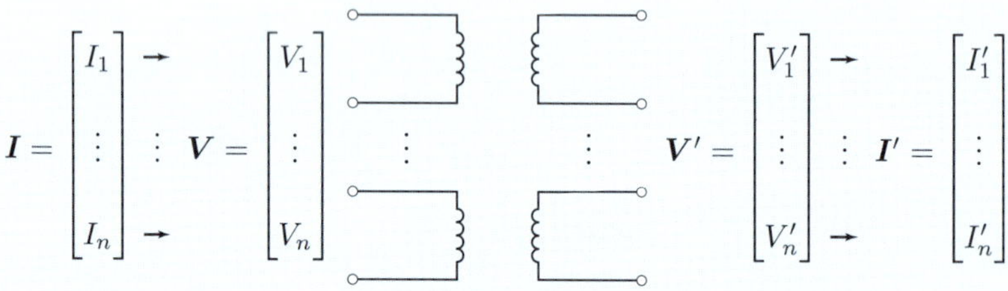

図 7.4

さらに

$$\boldsymbol{V}^t \boldsymbol{I} = \boldsymbol{V}'^t \boldsymbol{I}'$$

が成立し入出力の電力は等しくなり変成器網の無損失性が証明される．そこで出力側に $[Z]$ の $n \times n$ 次元のインピーダンス行列の回路が接続されているとすると入力側から見込んだインピーダンス行列は

$$[Z'] = [N][Z][N]^t$$

ただし $[N]$ は変成器網行列．もともと全域通過フィルタとは 2 ポートの回路で振幅特性が一定で位相特性だけが周波数特性を有するものを指している．そして 2 ポート回路から $2N$ ポート回路に一般化したものを**全域通過回路**と呼んで

いる．全域通過回路を接続した回路の $[S]$ 行列は

$$[S'] = [U]^t [S][U]$$

ただし $[U]$ はユニタリ行列．もし $[N]$ が直交行列（$[N]^t[N] = [N][N]^t = [I]$）であると $[U] \to [N]$ となる．つまり，全域通過回路と一致する．例えば，2次元座標軸の回転はユニタリな変成器網と等価である．

[補足]　高木の定理

$[A] = [A]^t$（対称行列）ならば

$$[A] = [U][D][U]^t$$

ただし $[D]$ は非負実数 $= \sqrt{AA^\dagger}$ の固有値

7 章 の 問 題

1 $2n$ ポート回路の $[S]$ 行列が

$$[S] = \begin{bmatrix} [O] & [S_{21}] \\ [S_{12}] & [O] \end{bmatrix}$$

となっているとする．ただし，$[O], [S_{21}], [S_{12}]$ は $n \times n$ 次の正方行列とする．

(1) $2n$ ポート回路が無損失であると $[S_{21}], [S_{12}]$ はユニタリ行列になることを示せ．

(2) 出力側の n ポートに $[S_L]$ の $[S]$ 行列回路を接続すると入力側の n ポートから見込んだ $[S]$ 行列は，どのようになるか．

第8章

周期時変線形回路

> 心で見なくちゃ,
> ものごとはよくみえないってことさ.
> 肝心な事は,目には見えないんだよ.
> ——「星の王子さま」サン=テグジュペリ

　われわれが取り扱わなければならない回路は必ずしも時不変性を保持しているとは限らない.またミキサのように周期時変性を積極的に活用する回路もある.ここでは周期時変線形回路の特性と解析手法を紹介する.

8.1　無線伝送チャンネル
8.2　イメージ抑圧フィルタ
8.3　巡回行列

8.1 無線伝送チャンネル

一般に時変な線形回路の入出力特性は

$$y(t) = \int_0^\infty h(\tau,t)x(t-\tau)d\tau$$

という形で表現される．この典型的な回路・システム例は**無線伝送チャンネル**である．一方，時変のインパルス関数 $h(\tau,t)$ に周期性が成立する場合を考えてみる．

$$h(\tau,t) = h(\tau, t+nT)$$

ただし，n は任意整数で T は周期．第2番目の変数の周期性を考慮してフーリエ級数展開すると

$$h(\tau,t) = \sum_{n=-\infty}^{\infty} h_n(\tau) \exp\left(jn\frac{2\pi t}{T}\right)$$

$$\therefore \quad y(t) = \sum_{n=-\infty}^{\infty} \exp\left(jn\frac{2\pi t}{T}\right) \int_0^\infty h_n(\tau)x(t-\tau)d\tau$$

これを周波数領域で表現すると

$$Y(\omega) = \sum_{n=-\infty}^{\infty} H_n(\omega + n\omega_c)X(\omega + n\omega_c)$$

となる．ただし，$\omega_c = \frac{2\pi}{T}$．

なお似た表現であるが，入力信号を単振動 $x(t) = \exp(j\omega t)$ と仮定すると

$$y(t) = \int_0^\infty h(\tau,t)x(t-\tau)d\tau = \int_0^\infty h(\tau,t)\exp(j\omega t)\exp(-j\omega\tau)d\tau$$

$$= \exp(j\omega t)\int_0^\infty h(\tau,t)\exp(-j\omega\tau)d\tau$$

となるので

$$y(t+T) = \exp\{j\omega(t+T)\}\int_0^\infty h(\tau,t+T)\exp(-j\omega\tau)d\tau$$

$$= \exp(j\omega T)\exp(j\omega t)\int_0^\infty h(\tau,t)\exp(-j\omega\tau)d\tau$$

$$= \exp(j\omega T)y(t)$$

8.1 無線伝送チャンネル

こうして単一正弦波入力信号に対する線形周期時変回路の出力信号は周期 T の周期関数ではなくて $\exp(j\omega T)$ の係数がかかることになる．これを**フロケ**（Floquet）**の定理**と呼ぶ．

こうして時不変線形回路の場合と異なり出力信号には入力信号の周波数 ω 以外に $\omega + n\omega_c$ 周波数成分が現れることになる．こうした**周波数変換機能**が実現する回路を**ミキサ**と呼んでいる．特に $n = \pm 1$ の成分を選択的に利用するミキサを**基本波ミキサ**，$n = \pm 2, \pm 3, \ldots$ を用いる回路を**高調波ミキサ**と呼ぶ．

例題 8.1

ブリッジ構成の回路を考える．4つの素子が非線形性を持ち，順方向バイアスでは導通，逆方向バイアスでは不導通と近似してミキサ動作を求めよ．

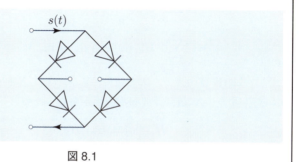

図 8.1

【解答】負荷に流れる電流は $U(t)s(t)$．ただし

$$U(t) = \begin{cases} +1 & (nT < t < nT + T, \ n:偶数) \\ -1 & (nT < t < nT + T, \ n:奇数) \end{cases}$$

なお $s(t)$ は図 8.1 の回路における入力電流とする． □

単相線形周期時変系：

$$V_{\text{out}}(t) = \int_0^\infty h(\tau, t) V_{\text{in}}(t-\tau) d\tau$$

$$= \sum_{n=-\infty}^\infty \int_0^\infty h_n(\tau) \exp\left(jn\frac{2\pi t}{T}\right) V_{\text{in}}(t-\tau) d\tau$$

ただし，$V_{\text{in}}(t)$ は入力信号，$V_{\text{out}}(t)$ は（単一）出力信号．

特に $V_{\text{in}}(t) = \exp(j\omega t)$ の場合には出力信号は

$$V_{\text{out}}(t) = \sum_{n=-\infty}^{\infty} \int_0^{\infty} h_n(\tau) \exp(-j\omega\tau) d\tau \exp\{j(\omega + n\omega_{\text{c}})t\}$$

$$= \sum_{n=-\infty}^{\infty} H_n(\omega) \exp\{j(\omega + n\omega_{\text{c}})t\}$$

となる．ただし，$H_n(\omega) = \int_0^{\infty} h_n(\tau) \exp(-j\omega\tau) d\tau$ は $\omega \to \omega + n\omega_{\text{c}}$ の周波数変換を伴う伝達関数であり，$\omega_{\text{c}} = \frac{2\pi}{T}$．

N 相線形周期時変系：

$$V_{\text{out}_k}(t) = \sum_{n=-\infty}^{\infty} \int_0^{\infty} h_{n_k}(\tau) \exp(-j\omega\tau) d\tau \exp\{j(\omega + n\omega_{\text{c}})t\}$$

$$= \sum_{n=-\infty}^{\infty} H_{n_k}(\omega) \exp j(\omega + n\omega_{\text{c}})t$$

ただし，$V_{\text{in}}(t)$ は（単一）入力信号，$V_{\text{out}_k}(t)$ は N 相出力信号（$k = 0, 1, \ldots, N-1$）．また，N 相には巡回規則性があり

$$H_{n_k}(\omega) = H_n(\omega) \exp\left(j\frac{2\pi k}{N}\right)$$

が成立する．ただし，

$$H_n(\omega) = \int_0^{\infty} h_n(\tau) \exp(-j\omega\tau) d\tau$$

はやはり $\omega \to \omega + n\omega_{\text{c}}$ の周波数変換を伴う伝達関数であり，$\omega_{\text{c}} = \frac{2\pi}{T}$．

最後に相反素子だけからなる 3 相の**パラメトリック回路**が非相反の 3 ポートサーキュレータ動作を実現できることを紹介しておこう．それぞれのポートは L, C 直列回路からなっていて，**Y 結線**されているとする．そして 3 個の C は外部から注入した信号により

$$C_1 = C + \Delta C \cos(\omega mt)$$
$$C_2 = C + \Delta C \cos\left(\omega mt + \frac{2\pi}{3}\right)$$
$$C_3 = C + \Delta C \cos\left(\omega mt + \frac{4\pi}{3}\right)$$

8.1 無線伝送チャンネル

と周期時変しているとする.回路は Y 結線されているので

$$I_1 + I_2 + I_3 = 0$$

が成立している.また接合点では電圧は同一であるので

$$2V + Z_0 I_1 + L\frac{dI_1}{dt} + \frac{q_1}{C_1} = Z_0 I_2 + L\frac{dI_2}{dt} + \frac{q_2}{C_2}$$
$$= Z_0 I_3 + L\frac{dI_3}{dt} + \frac{q_3}{C_3}$$

となる.

$$\therefore\ Z_0(I_2 - I_3) + L\frac{d(I_2 - I_3)}{dt} + \frac{q_2 - q_3}{C}$$
$$+ q_2 \Delta C \frac{\cos(\omega_m t + \frac{2\pi}{3})}{C^2} - q_3 \Delta C \frac{\cos(\omega_m t + \frac{4\pi}{3})}{C^2} = 0$$

こうして $I_2 - I_3 \neq 0$ となり,非相反性が得られる.ただし,簡単化のため $\Delta C \ll C$ と仮定している.

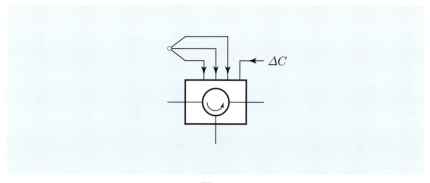

図 8.2

8.2 イメージ抑圧フィルタ

無線通信で用いる周波数帯での信号を **RF 信号**，一方ミキサで周波数変換用に用いる局部発振信号を**局発信号**という．

まず簡単な周波数変換を考えてみる．RF 信号に局発信号を乗じてみる．

$$\cos(\omega_{\mathrm{RF}}t)\cos(\omega_{\mathrm{LO}}t) = \frac{\cos\{(\omega_{\mathrm{RF}}+\omega_{\mathrm{LO}})t\} + \cos\{(\omega_{\mathrm{RF}}-\omega_{\mathrm{LO}})t\}}{2}$$

その結果，単純な周波数移動（$\omega_{\mathrm{RF}} \to \omega_{\mathrm{RF}} + \omega_{\mathrm{LO}}$）以外に $\omega_{\mathrm{RF}} - \omega_{\mathrm{LO}}$ の周波数分も生じることが分かる．これを**イメージ成分**と呼び，通信品質を劣化させる要因になる．

そこでイメージ成分を抑圧する回路構成を考える．1 つは**位相シフト型イメージ抑圧ミキサ**である．ミキサを 2 個用い，供給する局発信号に 90° の位相差をつける．さらに一方のミキサ出力に 90° の位相シフトを施したあとで加算する．これはアナログ変調における **SSB**（Single Side Band）と本質的に同一の構成である．

$$I(t) = \mathrm{RF}(t)\cos(\omega_{\mathrm{LO}}t), \quad Q(t) = \mathrm{RF}(t)\cos\left(\omega_{\mathrm{LO}}t - \frac{\pi}{2}\right)$$

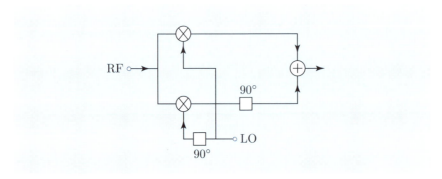

図 8.3 位相シフト型イメージ抑圧ミキサ

回転対称な回路構成を活用した**ポリフェーズフィルタ**というものもある．この場合，一般化された伝達関数は

8.2 イメージ抑圧フィルタ

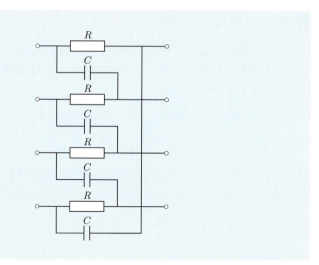

図 8.4 ポリフェーズフィルタ

$$G(\omega) = \frac{I_{\text{out}} + jQ_{\text{out}}}{I_{\text{in}} + jQ_{\text{in}}} = \frac{1 + \omega RC}{1 + j\omega RC}$$

となり，$\omega = -RC$ の**負周波数**で零点となり，イメージ成分が抑圧されることになる．ただし 4 相であるが差動動作を前提としているので

$$I_{\text{in}} = I_{\text{in}}^{+} - I_{\text{in}}^{-}$$
$$Q_{\text{in}} = Q_{\text{in}}^{+} - Q_{\text{in}}^{-}$$

などで直交成分を定義している．

8.3 巡回行列

非可逆回路で言えば**サーキュレータ**,無線通信の信号方式で言えば**OFDM**の動作を考えてみる.これらに共通する性質は構造の**巡回性**である.そこで巡回行列の基本的な性質を整理しておく.

$N \times N$ 行列 $[A]$ の要素に

$$A_{i,j} = B_{i-j \bmod N}$$

が成立すると仮定する.つまり行列の構造は 1 次元の系列 $B_0, B_1, \ldots, B_{N-1}$ だけで決定される.つまり,巡回行列は

$$\begin{bmatrix} B_0 & B_1 & \cdots & B_{N-1} \\ B_{N-1} & B_0 & \cdots & B_{N-2} \\ \vdots & \vdots & \ddots & \vdots \\ B_1 & B_2 & \cdots & B_0 \end{bmatrix}$$

と表現される.この場合,固有値 λ,固有ベクトル $\boldsymbol{x}$ は容易に求められる.特に固有ベクトル $\boldsymbol{x}$ が系列 $B_0, B_1, \ldots, B_{N-1}$ の値に依存しないで巡回性だけで決まることは重要である.さて固有値 λ は次のようにして求められる.

$$([A]\boldsymbol{x})_i = \sum_{j=0}^{N-1} A_{i,j} x_j = \sum_{j=0}^{N-1} B_{i-j} \omega^j = \omega^i \sum_{i-j=0}^{N-1} B_{i-j} \omega^{j-i} = \omega^i \sum_{k=0}^{N-1} B_k \omega^k = \omega^i \lambda$$

となる.こうして $\sum_{k=0}^{N-1} B_k \omega^k$ が固有値となり,固有ベクトルは

$$\boldsymbol{x} = [1, \omega, \ldots, \omega^{N-1}]^t$$

となることが分かる.また ω は 1 の N 乗根,つまり $\omega = \exp(j\frac{2\pi k}{N})$ である.
ただし,$k = 0, 1, \ldots, N-1$.すなわち,$\omega^N = 1$ なので

$$\omega^{k+lN} = \omega^k = \omega^{k \bmod N}$$

が成立している.さらに固有ベクトルを N 列配列してできる行列 $[D]$ は

$$D_{n,m} = \exp\left(j\frac{2\pi nm}{N}\right)$$

となり，この変換行列は **N 点 DFT** に一致する．なお規模は小さいが 3 相交流電力伝送系や 3 ポートサーキュレータが数学的には 3 点 DFT と一致する．

また巡回構造からなる R, C 素子の 4 相ポリフェーズフィルタ回路では入力 $\boldsymbol{X}$, 出力 $\boldsymbol{Y}$ の関係は

$$[D]\boldsymbol{X} = (A+B)\boldsymbol{Y}$$

となる．ただし

$$[D] = \begin{bmatrix} A & 0 & 0 & B \\ B & A & 0 & 0 \\ 0 & B & A & 0 \\ 0 & 0 & B & A \end{bmatrix}$$

なお $A = \frac{1}{j\omega C}, B = R$. この 4 次元行列の固有ベクトル $\boldsymbol{x} = [1, \omega, \omega^2, \omega^3]^t$ に対する固有値 λ は

$$A + B\omega^3 = \lambda(A+B)$$

より

$$\lambda = \frac{A + B\omega^3}{A+B} = \frac{\frac{1}{j\omega C} - jR}{\frac{1}{j\omega C} + R} = \frac{1 + \omega CR}{1 + j\omega CR}$$

となる．ただし $\omega = \exp(\frac{j2\pi}{4}) = j$. 最終的にこの固有値が 4 相ポリフェーズフィルタ回路の伝達関数になり $\omega = -\frac{1}{CR}$ の負周波数で零点となりイメージ成分の抑圧に用いられる．また固有ベクトル

$$\boldsymbol{x} = [1, \omega, \omega^2, \omega^3]^t = [I_+, Q_+, I_-, Q_-]^t$$

は 4 相 I, Q 直交成分に対応することになる．

8 章の問題

1 3 相交流回路における正相成分，逆相成分，零相成分とは何を意味しているのか．

第9章

離散時間系回路

住する所なきを，まず花と知るべし
—— 世阿弥

　回路内外の動作変量が時間の連続関数ではなくて一定の時間間隔からなる時系列で与えられる場合もしばしば見受けられる．このような回路系は離散時間系回路と呼ばれる．そして数多くのデジタル回路がこの範疇に入る．ここでは離散時間系の回路動作とその解析法を主に紹介する．なお離散時間系と周期時変系とは密接な関係にあることを指摘しておく．

9.1　離散時間系とは
9.2　離散時間フィルタ
9.3　デジタルフィルタの関連事項
9.4　畳み込み符号の符号語数分布

9.1 離散時間系とは

今までは信号を連続時間の関数として取り扱ってきた．それに対してこの章では信号を一定の時間間隔で生起する離散的な時系列として取り扱い $\{X_0, X_1, X_2, \ldots\}$ という時系列に対して

$$x(t) = \sum_{n=-\infty}^{\infty} X_n \delta(t - nT)$$

という時間関数を想定する．そしてそのフーリエ変換は

$$X(\omega) = \int_{-\infty}^{\infty} x(t) \exp(-j\omega t) dt$$
$$= \sum_{n=-\infty}^{\infty} X_n \exp(-jn\omega T)$$
$$= \sum_{n=-\infty}^{\infty} X_n z^{-n}$$

となる．ただし，$z = \exp(j\omega T)$ である．この表現を時系列 $\{X_n\}$ の **z 変換**と呼び $X(z)$ と表記する．特に与えられた時系列を k ステップシフトしたものは

$$X_n \to X_{n-k}$$

となるので

$$\sum_{n=-\infty}^{\infty} X_{n-k} z^{-n} = \sum_{n-k=-\infty}^{\infty} X_{n-k} z^{-(n-k)} z^{-k} = X(z) z^{-k}$$

となる．つまり z 変換領域で z^{-k} 倍することが時系列を k ステップシフトしたものと等価であることが分かる．

勿論，z 変換は線形演算であるので A, B を定数とすると $\{Au_n + Bv_n\}$ という時系列の z 変換は

$$AU(z) + BV(z)$$

となることも分かる．

9.2 離散時間フィルタ

9.2.1 FIR フィルタ

入力時系列 $\{X_n\}$ と出力時系列 $\{Y_n\}$ とが

$$Y_n = A_0 X_n + A_1 X_{n-1} + \cdots + A_m X_{n-m}$$

という線形関係で結び付けられているとすると

$$Y(z) = A(z)X(z)$$

となる．ただし，

$$A(z) = A_0 z^{-0} + A_1 z^{-1} + \cdots + A_m z^{-m}$$

である．そして

$$\frac{Y(z)}{X(z)} = A(z)$$

となる．こうして $A(z)$ は z 領域での伝達関数に相当し，特に z^{-1} の多項式になる場合は入力インパルスに対する応答が有限個で終結するので，**FIR**（Finite Impulse Response）**フィルタ**と呼ぶ．

9.2.2 IIR フィルタ

次に入出力時系列の関係が

$$B_0 Y_n + B_1 Y_{n-1} + \cdots + B_k Y_{n-k} = A_0 X_n + A_1 X_{n-1} + \cdots + A_m X_{n-m}$$

によって与えられる場合は

$$\frac{Y(z)}{X(z)} = \frac{A(z)}{B(z)}$$

という z^{-1} の有理関数で伝達関数が与えられることになる．この場合は入力インパルスに対する応答が指数関数的に減少していくが無限個あるので **IIR**（Infinite Impulse Response）**フィルタ**と呼んでいる．

9.3 デジタルフィルタの関連事項

9.3.1 アナログフィルタとデジタルフィルタ

ここで**アナログフィルタ**（連続時間系）と**デジタルフィルタ**（離散時間系）との関係を簡単に述べておく．普通，アナログフィルタは周波数領域で設計解析される．一方，デジタルフィルタはその特性が時間領域で記述されることが多い．そこでアナログフィルタの伝達関数を逆フーリエ変換して時間領域のインパルス関数を求める．さらに一定のサンプリング間隔でインパルス関数をサンプリングした時系列を得ると，この時系列係数が FIR デジタルフィルタの係数に一致することになる．

9.3.2 スイッチング電源回路

一般に電源回路系の AC/DC や DC/DC 回路はエネルギー貯蔵素子である L, C の他に整流ダイオード，スイッチングトランジスタから構成される．

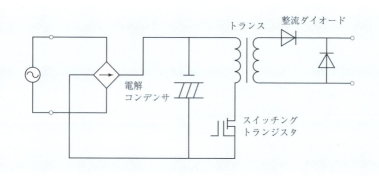

図 9.1

9.3.3 クロック資源

離散時間系回路では外部から供給される**クロック信号**によって回路機能を様々に変えることができる．例えば，2 相クロックを用いて複素係数のフィルタが実現でき，非対称な周波数特性が得られる．また 3 相クロックと相反素子とで非相反動作をする 3 ポートサーキュレータが実現できることが知られている．さらには N 相のクロックを採用する **N-path 可変フィルタ**も提案されている．このようにクロック資源を活用して回路特性の可変性が実現できることは魅力的である．

9.4 畳み込み符号の符号語数分布

今まで物理的な回路やシステムを取り扱ってきたが，ここでよりシンボリックなデジタル情報の分野の話題に触れておこう．

さて通信系において，誤り訂正符号の役割は大きい．そしてその復号性能は符号語間の指定された**ハミング**（Hamming）**距離**にある符号語数に大きく支配される．なおハミング距離とは2つのビット系列に対してそれぞれの対応する位置のビット情報が異なるものの総数を指している．

では簡単な**畳み込み符号**を例にとって符号語数の分布関数が状態推移図から伝達関数 $T(D)$ を手掛かりにして求められることを示そう．簡単な例の畳み込み符号は2個の **FF**（Flip Flop：**記憶素子**）を含んでいて1入力ビットに対して2ビット出力，つまり符号化率 $\frac{1}{2}$ の符号器とする．この符号器の内部状態は2ビットの組合せが全部で4通りあるので4個となる．また2ビットの出力 $(X_1(t), X_2(t))$ は以下の計算により XOR 演算（+記号で表記）で得られる．

$$X_1(t) = m(t) + F_1(t) + F_2(t), \quad X_2(t) = m(t) + F_2(t)$$

なお $m(t)$ は時刻 t での入力ビット情報，$F_1(t), F_2(t)$ は2個の FF のビット情報であり，クロック信号によるシフト動作で

$$m(t) \to F_1(t+1), \quad F_1(t) \to F_2(t+1)$$

となる．

また内部状態変数の初期状態として S(0,0)，同じく終了状態として E(0,0) を想定する．それ以外の状態として A(1,0), B(0,1), C(1,1) を定義しておく．

以上のことから符号器の状態遷移は図 9.2 のようになる．そして各内部状態に対応するシンボリックな動作変数（符号語数とハミング重みを含む）を $X_S, \ldots, X_E$ とすると

$$X_A = D^2 X_S + D^0 X_B, \quad X_B = D^1 X_A + D^1 X_C,$$
$$X_C = D^1 X_A + D^1 X_C, \quad X_E = D^2 X_B$$

となる．なお D の指数部は出力2ビットのハミング重みを表すものとする．ところで**ハミング重み**とはビット情報が1となるものの総数を意味する．

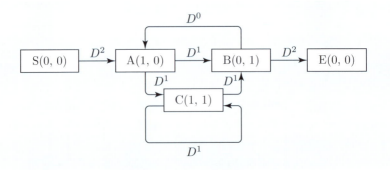

図 9.2

これらの連立方程式は初等的に解けて

$$T(D) = \frac{X_\mathrm{E}}{X_\mathrm{S}} = \frac{D^5}{1 - 2D^2}$$
$$= D^5 + 2D^7 + 4D^9 + \cdots$$

となる．

　これが初期状態 X_S から終了状態 X_E へ推移する系列が正しく畳み込み符号化された系列である．そして伝達関数 $T(D)$ から符号語数が分かる．つまり，この例では D^5 から線形畳み込み符号の最小ハミング（自由）距離が 5 でその符号語数が 1 となり，$2D^7$ からハミング距離が 7 となる符号語数は 2 となることなどが，伝達関数 $T(D)$ の関数形から容易に理解される．

9 章 の 問 題

□ **1** IIR 型のデジタルフィルタが可算器，乗算器と遅延器とで構成できることを示せ．

第10章

自律系と非線形回路

私はダイヤモンドのように雪の上で輝いています．私は陽の光になって熟した穀物にふりそそいでいます．秋にはやさしい雨になります．朝の静けさのなかであなたが目ざめるとき私はすばやい流れとなって駆けあがり鳥たちを空でくるくる舞わせています．夜は星になり，私は，そっと光っています．

——アメリカ民謡の一部

　無線機の重要な構成要素に発振器がある．これは直流エネルギーを高周波エネルギーに変換するものと考えられるが，外部から高周波エネルギーを供給することはない．このように直流エネルギーだけを使用して高周波エネルギーを出力する回路を自律系回路と呼ぶ．ここでは発振器を主な対象として自律系回路の特性と解析法を紹介する．さらに非線形回路の代表例として電力増幅器を取り上げる．これらは無線機の重要な構成要素である．

10.1	自律系と発振器
10.2	非線形性を有する電力増幅回路

第10章 自律系と非線形回路

10.1 自律系と発振器

特別な入力ポートを持たず，つまり入力信号が与えられずにある出力信号を出し続ける回路がある．**発振回路**などがその代表例である．こうした回路を**自律系回路**と呼ぶ．簡単な例を考えてみよう．

演算増幅器と帰還 RC 回路からなる**帰還ループ**によって発振回路が構成される．増幅器の利得を G，RC 回路の伝達係数を β とすると

$$G\beta = 1$$

の条件が安定に発振するための条件となる．多くの場合，G は振幅に依存し，β は周波数 ω に依存する．これらの条件から安定した発振波形の振幅と周波数が決定される．

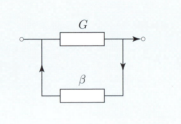

図 10.1

例えば，演算増幅器の逆相入力端子に抵抗 R を接続し，出力端子からの帰還抵抗を αR とする（図 10.2(a)）．この場合，正相入力端子から出力端子への利得（伝達量）は

$$G = \frac{V_{\text{out}}}{V_{\text{in}}} = 1 + \alpha$$

となる．

ここで 2 段の C, R フィルタを帰還ループに考える（図 10.2(b)）．ただし，初段は R と C の直列回路（$Z_1 = R + \frac{1}{j\omega C} = \frac{1+j\omega CR}{j\omega C}$）で 2 段目は R と C の並列回路（$Z_2 = \frac{1}{1/R+j\omega C} = \frac{R}{1+j\omega CR}$）とする．すると出力端子電圧 V_{out} から入力端子電圧 V_{in} への伝達量 β は

10.1 自律系と発振器

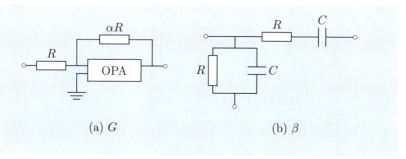

図 10.2

$$\beta = \frac{V_{\rm in}}{V_{\rm out}} = \frac{Z_2}{Z_1+Z_2} = \frac{\frac{R}{1+j\omega CR}}{\frac{1+j\omega CR}{j\omega C}+\frac{R}{1+j\omega CR}}$$
$$= \frac{1}{\frac{1+(1+j\omega CR)^2}{j\omega CR}} = \frac{j\omega CR}{1-(\omega CR)^2+3j\omega CR}$$

となる．よって $G\beta = 1$ より $\omega = \frac{1}{CR}$, $1+\alpha = 3$, つまり帰還抵抗の値は $2R$ となる．また，$C = 0.1\,\mu{\rm F}$, $R = 5\,{\rm k}\Omega$ とすると発振角周波数は $\omega = 2k\,{\rm rad/s}$ となり CR の積で決まる．

摂動法と発振安定性判定： 非線形振動を表現する微分方程式としてよく現れる形

$$\frac{d^2x}{dt^2} + \omega_0^2 x = \mu f\left(x, \frac{dx}{dt}\right) \quad (0 < \mu \ll 1)$$

を検討してみる．

$\mu = 0$ の場合は単振動を表す線形微分方程式となり

$$x(t) = A\cos(\omega_0 t + \theta)$$

が一般解となり，発振角周波数は ω_0 であり発振振幅 A としては任意の値が許される．

さてより一般の $\mu \neq 0$ の場合は摂動パラメタ μ に関して発振周波数や発振波形を展開し

$$\omega = \omega(\mu) = \omega_0 + \mu\omega_1 + \mu^2\omega_2 + \cdots$$

とする．また振動波形も

$$x = x(\tau) = x_0(\tau) + \mu x_1(\tau) + \mu^2 x_2(\tau) + \cdots$$

と展開する．ただし，$\tau = \omega t$ である．これから μ^k の各係数を比較し最終的には

$$x_0'' + x_0 = 0, \quad x_1'' + x_1 = -2\omega_1 x_0'' + f(x_0, x_0'), \quad \cdots$$

を得る．さて初期条件を

$$x_0(0) = A, \quad x_0'(0) = 0$$

とすると

$$x_0(\tau) = A\cos(\tau)$$

となる．こうして x_1 に対する微分方程式は

$$x_1'' + x_1 = 2\omega_1 A\cos(\tau) + f(A\cos(\tau), -A\sin(\tau))$$

となる．右辺最後の項をフーリエ級数展開すると

$$f(A\cos(\tau), -A\sin(\tau)) = \frac{a_0(A)}{2} + \sum_{n=0}^{\infty}(a_n(A)\cos(n\tau) + b_n(A)\sin(n\tau))$$

となり，x_1 が発散しないためには

$$2\omega_1 A + a_1(A) = 0, \quad b_1(A) = 0$$

が必要になる．特に周期振動の安定性に関しては

(1) $f(x, x') \neq f(x, -x')$ の場合
  $b_1'(A) > 0$ ならば安定
  $b_1'(A) < 0$ ならば不安定
(2) $f(x, x') = f(x, -x')$ の場合
  A は任意の値に対して安定で $b_1(A) = 0$ である．
  ただし，$b_1'(A) = -\frac{db_1(A)}{dA}$．

10.1 自律系と発振器

例 10.1 $f = x^3$ の場合

$$a_1(A) = \frac{3A^3}{4}, \qquad \therefore \quad \omega_1 = -\frac{a_1(A)}{2A} = -\frac{3A^2}{8}$$

$$\therefore \quad \omega = 1 - \frac{3\mu A^2}{8}$$

こうして発振振幅 A が大きくなると発振角周波数は低下することが分かる．なお $b_1(A) = 0$ なので発振振動は常に安定している． □

さて回路内部に雑音源を含んでいると発振スペクトルは単一の発振スペクトルではなく，ある程度の拡がりを持つようになる．これを**位相雑音**，**振幅雑音**と呼ぶ．このとき発振器内部の共振器の Q 値が位相雑音，振幅雑音に対する重要な特性指標になる．

注入同期発振： 比較的小さな発振振幅であっても周波数の安定した信号を注入することを利用すると大振幅の発振信号が得られる．安定して注入同期が可能な周波数範囲を**引き込み可能範囲**と呼んでいる．この引き込み可能範囲では注入信号の周波数と大振幅の発信信号の周波数は一致し，同期の取れた動作が得られる．

逓倍器： 時不変な n 乗特性の非線形素子と発振器を組み合わせると n 倍の発振周波数が得られ，高い周波数の発振器が実現できる．

分周器： 逆に $\frac{1}{n}$ 倍の周波数を作る回路を**分周器**と呼ぶ．**PLL** (Phase Locked Loop) の構成要素になる．なお PLL は位相比較器，圧制御発振器，積分器からループ状に構成され，基準周波数 f_r の信号を入力とする．**非線形強制振動**の式を考えてみる．

$$x'' + ax + bx^3 = f_0 \cos(\omega t) \quad (a, b, f_0 > 0)$$

非線形項 bx^3 があるので $\cos\left(\frac{\omega t}{3}\right)$ の振動が発生する．大まかに言って

$$\omega \geqq 3\sqrt{a}$$

のとき，つまり線形の固有角周波数 $\omega_0 = \sqrt{a}$ の 3 倍よりも励振外力の角周波数が大きければ，$\frac{\omega}{3}$ の分数調波が存在することになる．

10.2 非線形性を有する電力増幅回路

一般に入力信号と出力信号との関係は線形倍にはならない．特に能動回路では非線形性は無視できない．有限値のバイアス電圧を用いていることが要因の1つである．受動素子でも非線形性は生じるが，ここでは電力増幅器の非線形性を中心に議論を進める．

10.2.1 非線形性を有する電力増幅器

代表的な非線形回路としては電力増幅器があるが，厳密な意味では全ての素子や回路には非線形性が存在する．入出力がそれぞれ 2 ポートの場合には時不変線形回路では 1 つのインパルス関数で入出力関係が表現された．

$$y(t) = \int_0^\infty h(\tau)x(t-\tau)d\tau$$

ただし $y(t)$ は出力信号，$x(t)$ は入力信号．

一方，高次の非線形性を表現する 2 ポート非線形回路の入出力特性は多変数のインパルス関数 $h(\tau_1, \tau_2, \ldots, \tau_n)$ を用いて

$$y(t) = \int_0^\infty \cdots \int_0^\infty h(\tau_1, \ldots, \tau_n) x(t-\tau_1) \cdots x(t-\tau_n) d\tau_1 \cdots d\tau_n$$

と表現される．ただし定義から多重積分の核関数 $h(\tau_1, \tau_2, \ldots, \tau_n)$ は変数の順序には依存しない．

以下に 3 つの簡単な例を挙げる．

例 10.2 $h(\tau_1, \ldots, \tau_n) = A\delta(\tau_1) \cdots \delta(\tau_n)$ の場合

$$y(t) = Ax(t)x(t) \cdots x(t) = A\{x(t)\}^n$$

これを**無記憶性非線形回路**と呼ぶ．

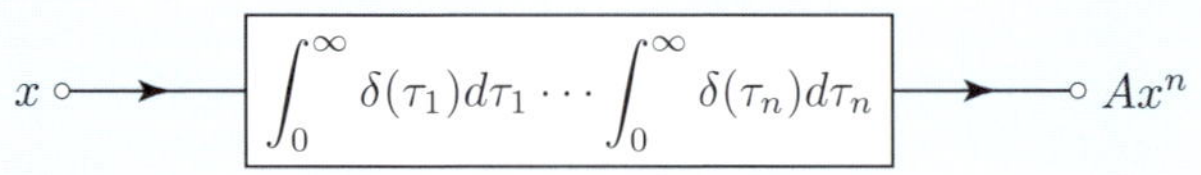

図 10.3

例 10.3 $h(\tau_1, \tau_2, \ldots, \tau_n) = h(\tau_1)h(\tau_2)\cdots h(\tau_n)$ の場合

$$y(t) = \int_0^\infty h(\tau_1)x(t-\tau_1)d\tau_1 \cdots \int_0^\infty h(\tau_n)x(t-\tau_n)d\tau_n = \{z(t)\}^n$$

ただし $z(t) = \int_0^\infty h(\tau)x(t-\tau)d\tau$. つまり，記憶性線形回路と無記憶性非線形回路の縦続接続で表現される．

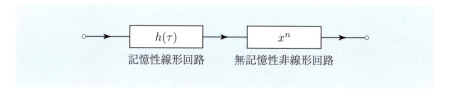

図 10.4

例 10.4 2 周波数からなる入力信号を考える．

$$x(t) = A_1\cos(\omega_1 t + \phi_1) + A_2\cos(\omega_2 t + \phi_2)$$

無記憶性 3 次非線性の出力は

$$\begin{aligned}
y(t) &= A_1^3 \frac{\cos(3\omega_1 t + 3\phi_1) + 3\cos(\omega_1 t + \phi_1)}{4} \\
&\quad + A_2^3 \frac{\cos(3\omega_2 t + 3\phi_2) + 3\cos(\omega_2 t + \phi_2)}{4} \\
&\quad + 3A_1^2 \frac{\cos(2\omega_1 t + 2\phi_1) + 1}{2} A_2\cos(\omega_2 t + \phi_2) \\
&\quad + 3A_1\cos(\omega_1 t + \phi_1) A_2^2 \frac{\cos(2\omega_2 t + 2\phi_2) + 1}{2} \\
&= A_1^3 \frac{\cos(3\omega_1 t + 3\phi_1) + 3\cos(\omega_1 t + \phi_1)}{4} \\
&\quad + A_2^3 \frac{\cos(3\omega_2 t + 3\phi_2) + 3\cos(\omega_2 t + \phi_2)}{4} \\
&\quad + 3A_1^2 A_2 \frac{\frac{\cos((2\omega_1+\omega_2)t + 2\phi_1+\phi_2)}{2} + \frac{\cos((2\omega_1-\omega_2)t + 2\phi_1-\phi_2)}{2} + 1}{2} \\
&\quad + 3A_1 A_2^2 \frac{\frac{\cos((2\omega_2+\omega_1)t + 2\phi_2+\phi_1)}{2} + \frac{\cos((2\omega_2-\omega_1)t + 2\phi_2-\phi_1)}{2} + 1}{2}
\end{aligned}$$

となる．特に $\omega_1 \fallingdotseq \omega_2$ の場合

$$2\omega_1 - \omega_2 \fallingdotseq 2\omega_2 - \omega_1 \fallingdotseq \omega_1 \fallingdotseq \omega_2$$

となり入力信号の周波数近傍に 3 次非線形性による周波数成分が発生するので周波数軸上での分離が難しくなる． □

OFDM 信号とメーラーの公式： 最近の無線通信で広く用いられる信号形式に **OFDM**（Orthogonal Frequency Division Multiplexing）**信号**がある．これは比較的変調帯域幅の狭い多数のサブキャリアの重ね合わせからなっている．各サブキャリアが独立に変調されているので，**中心極限定理**により OFDM 信号の瞬時値はほぼ**ガウス**（Gauss）**分布**の確率分布に従うようになる．そこで非線形回路の出力信号の電力スペクトルを求めてみよう．無記憶非線形性を

$$y = g(x)$$

とする．出力の自己相関関数は

$$\Phi_y(\tau) = E\{y(t)y(t+\tau)\} = \int_{-\infty}^{\infty} \int_{-\infty}^{\infty} g(x_1)g(x_2)p(x_1,x_2)dx_1dx_2$$

で定義される．ただし簡単化のため，$x_1 = x(t), x_2 = x(t+\tau)$ とおいた．さて $x(t)$ を定常ガウス確率過程とすると x_1 と x_2 の同時確率密度関数は

$$p(x_1,x_2) = \frac{\exp\left\{-\frac{x_1^2+x_2^2-2\rho x_1 x_2}{2\sigma^2(1-\rho^2)}\right\}}{2\pi\sigma^2\sqrt{1-\rho^2}}$$

となる．ただし $\sigma^2 = E\{x_1^2\} = E\{x_2^2\}$，また $\rho = \frac{E\{x_1 x_2\}}{\sigma^2}$ は相関係数である．さらに

$$a_n = \int_{-\infty}^{\infty} g(\sigma X) H_n(X) \exp\left(-\frac{X^2}{2}\right) \frac{dX}{\sqrt{2\pi}}$$

と定義する．ただし $H_n(\ )$ は **n 次エルミート**（Hermite）**多項式**であり

$$\Phi_y(\tau) = \sum_{n=0}^{\infty} a_n^2 \rho^n$$

とまとめられる．これを**メーラー**（Mehler）**の公式**と呼ぶ．

10.2 非線形性を有する電力増幅回路

例 10.5 簡単な例として $g(x) = x^2$ とすると

$$a_0 = \sigma^2, \quad a_2 = -\sqrt{2}\sigma^2$$

なおその他の係数 a_n は 0 である．

$$\therefore \quad \Phi_y(\tau) = \sigma^4(1 + 2\rho^2)$$

こうして出力信号の電力スペクトルが計算できる．

$$P_y(f) = \sigma^4 \delta(f) + 2\int_{-\infty}^{\infty} P_x(f')P_x(f-f')df'$$

つまり第 1 項は全波整流による直流分で第 2 項は電力スペクトルの畳み込みとなる．例えば $P_x(f')$ が帯域幅 B の平坦な特性であると第 2 項は $2B$ の帯域幅の 3 角形のスペクトル分布になり平坦ではなくなる．

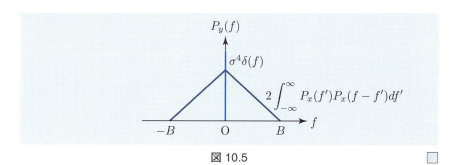

図 10.5

10.2.2 電力増幅器の話題

高効率増幅器： 増幅器の効率はバイアス回路から供給された直流電力に対して，RF 出力電力がどれだけ得られるかで評価され，**ドレイン効率**と呼ばれる．トランジスタ内部での消費電力を極力削減することが設計上の課題である．例えば，ドレイン電流とドレイン電圧が時間的に直交していれば

$$\int_{-\infty}^{\infty} v_\mathrm{d}(t)i_\mathrm{d}(t)dt = 0$$

となりトランジスタ内部での消費電力は十分削減できる．後述の F 級や逆 F 級の増幅器はそのような考えで設計されている．なお入力 RF 電力を考慮した効

率は**電力付加効率**と呼ばれ

$$\frac{\text{RF 出力電力}}{\text{直流電力} + \text{RF 入力電力}}$$

で定義される．

各級でのトランジスタ動作： FET（Field Effect Transistor）は電界効果型トランジスタのことを指している．半導体中の n 型もしくは p 型の電気キャリアの伝導がゲート電極への印加電圧によって制御される．FET の増幅動作の出力や効率はバイアス電位の設定や負荷抵抗の値によって変わる．特にドレイン電流の流れる規格化時間幅 ωt（**流通角**ともいう）に応じて

(1) **A 級動作**：流通角が 360° で常に電流が流れている．ドレイン効率 $\eta_\mathrm{d} = 0.5 = 50\%$
(2) **B 級動作**：流通角が 180° で半周期流れている．ドレイン効率 $\eta_\mathrm{d} = \frac{\pi}{4} = 78.5\%$
(3) **C 級動作**：流通角が 0° でゲートバイアス電圧をしきい値より十分深く設定し，ドレイン効率 $\eta_\mathrm{d} \to 1 = 100\%$

と分類される．

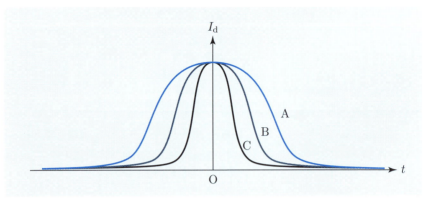

図 10.6

10.2 非線形性を有する電力増幅回路

ドハティ増幅器： 異なる電力級の増幅器（例えば，A 級と C 級）を $\frac{\lambda}{4}$ 線路を介して組み合わせた増幅器の構成法である．その技術背景を簡単に触れておく．

限られた周波数資源を活用するため無線通信方式が多値化，マルチキャリア化してくると瞬時の信号レベルのダイナミックレンジは大きくなる．一般に増幅器の効率は入力電力レベルが低下すると低下してしまう．ただしバイアス電源の直流電圧は一定としておく．なお入力電力レベルに応じてバイアス電源の直流電圧を適応的に変化させる回路構成も知られている．それに対して複数の異なる電力級の増幅器を組み合わせることにより，広い入力電力レベルに対して，高効率を保つことができる．その代表例が**ドハティ**（Doherty）**増幅器**である．

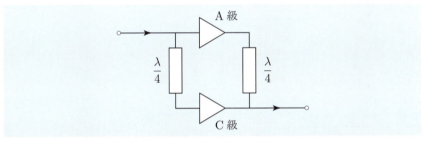

図 10.7

LINCS： 同一特性の 2 個の増幅器を用いそれらに対する 2 個の入力電力レベルを固定して高効率動作を常に実現する回路構成に **LINCS**（Linear Combining by Nonlinear Amplifiers）がある．つまり振幅と位相が一定ではない信号 $A(t)\cos(\omega t + \theta(t))$ を一定振幅の 2 つの信号の和で表現してみる．三角関数の公式：$\cos(a) + \cos(b) = 2\cos\left(\frac{a+b}{2}\right)\cos\left(\frac{a-b}{2}\right)$ より

$$A(t)\cos(\omega t + \theta(t)) = A_0 \cos(\omega t + \theta_1(t)) + A_0 \cos(\omega t + \theta_2(t))$$
$$= 2A_0 \cos\left(\omega t + \frac{\theta_1(t) + \theta_2(t)}{2}\right)\cos\left(\frac{\theta_1(t) - \theta_2(t)}{2}\right)$$

となるので

$$A(t) = 2A_0 \cos\left(\frac{\theta_1(t) - \theta_2(t)}{2}\right), \quad \theta(t) = \frac{\theta_1(t) + \theta_2(t)}{2}$$

を満足するように $\theta_1(t), \theta_2(t)$ を設定すればよい．そして，増幅器の効率と利得は振幅で決まり，位相には依存しないので最適な効率となるように A_0 を設定すればよいことになる．

なお 2 個の増幅器を合成して得られる最終出力は同相成分に比例する．一方直交成分は出力されず，そのままでは出力合成回路内部で消費されてしまうので，直交成分をいかに有効に再生活用するかが効率化の要である．

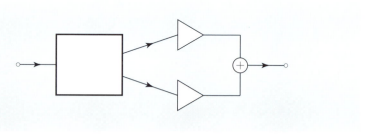

図 10.8

F 級（逆 F 級）増幅器： B 級のゲートバイアス電圧と同じに設定しドレイン電流を半波整流波形にしておき，一方ドレイン電圧を矩形に制御した動作級を **F 級**と呼ぶ．理想的にはドレイン効率 $\eta_\mathrm{d} = 1 = 100\%$ と優れた特性が期待される．なお，**逆 F 級**はドレイン電流とドレイン電圧の役割を入れ替えた形である．

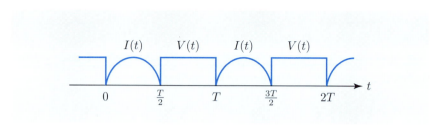

図 10.9

10.2 非線形性を有する電力増幅回路

高調波処理： F級動作を実現する出力負荷回路は単純な抵抗では無理である．例えば，基本周波数では共振し抵抗となり偶数次数高調波周波数では短絡となり奇数次数高調波周波数では開放となれば所望の電圧電流波形が得られる．このように基本周波数以外の高調波周波数に対しても出力応答を考慮する設計法を**高調波処理**と呼ぶ．

歪み補償： あらかじめ入力信号に逆歪み特性を有する成分を加える方法を**歪み補償法**と呼ぶ．デジタル信号処理的に実現する場合と非線形アナログ回路で実現する場合がある．

線形増幅器の無条件安定性： さて話題は少し外れるが，ここで線形増幅器の安定性の指標を紹介しておく．線形2ポート回路において出力ポートに接続した反射係数 Γ_L の負荷と入力ポートから見込んだ反射係数 Γ_in との関係は双1次関数になる．

$$\Gamma_\mathrm{in} = \frac{S_{11} - \Delta \Gamma_\mathrm{L}}{1 - S_{22}\Gamma_\mathrm{L}} \tag{10.1}$$

同様に入力ポートに接続した反射係数 Γ_S の負荷と出力ポートから見込んだ反射係数 Γ_in との関係は次の双1次関数になる．

$$\Gamma_\mathrm{out} = \frac{S_{22} - \Delta \Gamma_\mathrm{S}}{1 - S_{11}\Gamma_\mathrm{S}} \tag{10.2}$$

ただし線形2ポート回路の $[S]$ 行列を

$$\begin{bmatrix} S_{11} & S_{12} \\ S_{21} & S_{22} \end{bmatrix}$$

とし，その行列式を

$$\Delta = S_{11}S_{22} - S_{12}S_{21}$$

とする．さて線形増幅器の**無条件安定性**とは出力ポート（♯2）に任意の反射係数 Γ_L（ただし $|\Gamma_\mathrm{L}| < 1$）なる受動性負荷を接続した場合，入力ポート（♯1）から見込んだ反射係数 Γ_in が必ず $|\Gamma_\mathrm{in}| < 1$ となることと逆に，入力ポートに任意の $|\Gamma_\mathrm{S}| < 1$ なる終端負荷を接続したときの出力ポートから見込んだ反射係数 Γ_out が必ず $|\Gamma_\mathrm{out}| < 1$ を満足することを意味する．このことにより，不要な寄

生発振が抑えられ安定した増幅が実現できることになる．

ところで双1次関数の数学的性質として「円–円対応」が知られている．つまり複素平面 Γ_L 上での $|\Gamma_\mathrm{L}|=1$ の円（中心が原点で半径が1）の Γ_in での写像先は必ず円になる．また円は中心の位置と半径だけで規定される．そして (10.1) の双1次変換の写像先の円の中心と半径は

$$\frac{S_{11}-\Delta S_{22}^*}{1-|S_{22}|^2}, \quad \frac{|S_{21}S_{12}|}{1-|S_{22}|^2}$$

となり，(10.2) の双1次変換の写像先の円の中心と半径は

$$\frac{S_{22}-\Delta S_{11}^*}{1-|S_{11}|^2}, \quad \frac{|S_{21}S_{12}|}{1-|S_{11}|^2}$$

となる．そして $|\Gamma_\mathrm{in}|<1$ の条件は

$$\frac{1-|S_{22}|^2}{|S_{11}-S_{22}^*\Delta|+|S_{12}S_{21}|} > 1$$

に帰着される．この左辺を μ と定義する．

同様に $|\Gamma_\mathrm{out}|<1$ の条件は

$$\frac{1-|S_{11}|^2}{|S_{22}-S_{11}^*\Delta|+|S_{12}S_{21}|} > 1$$

に帰着される．この左辺を μ' と定義する．ただし

$$\mu>1 \Leftrightarrow \mu'>1$$

となることが証明されるので，線形2ポート増幅器の無条件安定性の必要十分条件は1つのパラメタ $\mu>1$ に帰着される．勿論 $\mu=\mu'$ が成立している訳ではないことに注意．

共役整合： 無条件安定条件が満たされると，入出力ポートでの同時共役整合が得られ，そのときの電力利得は

$$\frac{|S_{21}|}{|S_{12}|(K-\sqrt{K^2-1})}$$

で与えられる．ただし $K=\frac{1-|S_{11}|^2-|S_{22}|^2+|\Delta|^2}{2|S_{21}S_{12}|}$．なお K は**ロレット** (Rollet) **数**と呼ばれ，無条件安定条件下では $K>1$ となる．

10 章 の 問 題

☐ **1** VCO（Voltage Controlled Oscillator：**電圧制御発振器**）は発振周波数を電圧で可変する発振器である．図に示す回路は RF-IC の VCO の典型例である．その動作を説明せよ．

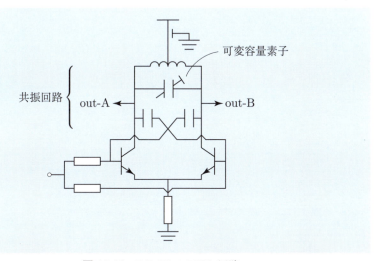

図 10.10　RF-IC の VCO 回路

第11章

分布定数回路

> 難問は，それを解くのに適切かつ
> 必要なところまで分割せよ．
> ——デカルト「方法序説」より

　長距離海底ケーブルは分布定数回路という新たな電気回路の分野を生み出した．これは動作周波数で決まる波長に比べて全ての回路要素素子が同程度以下の大きさからなっている回路である．逆に言えば回路要素の位置によって電圧や電流が一定ではないことも意味している．ここでは分布定数回路の解析法と基本的特性を紹介し，さらに集中定数回路との差異を明らかにする．

11.1　分布定数回路
11.2　ハイブリッド回路
11.3　全2重通信とブランチライン

11.1 分布定数回路

分布定数回路は歴史的には海底ケーブルの信号伝送解析から始まったとされる．海底ケーブルを回路的に簡単にモデル化すると直列の単位長さ当りのインダクタンス L と並列の単位長さ当りの容量 C が繰り返し接続された構造となる．ケーブルに沿った位置座標を x とし，その位置での電圧 $V(x)$，電流 $I(x)$ とするとキルヒホッフ法則を適用し

$$\frac{dV(x)}{dx} = -j\omega L I(x), \quad \frac{dI(x)}{dx} = -j\omega C V(x)$$

となる．ただし時間変化は $\exp(j\omega t)$ とする．この式を**電信方程式**と呼ぶ．

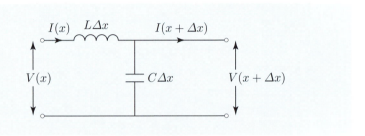

図 11.1

次に $V(x)$ と $I(x)$ に関する連立微分方程式を解く．

$$\therefore \quad \frac{d^2 V(x)}{dx^2} = -\omega^2 LC V(x), \quad \frac{d^2 I(x)}{dx^2} = -\omega^2 LC I(x)$$

となる．

$$\therefore \quad V(x) = A\exp(-j\beta x) + B\exp(j\beta x)$$

という一般解を得る．ただし $\beta = \omega\sqrt{LC}$ であり，**位相定数**と呼ぶ．また $\beta = \frac{2\pi}{\lambda}$ (λ は**波長**) とも書ける．

時間変化が $\exp(j\omega t)$ であることを考慮すると右辺第 1 項は $(t - \sqrt{LC}\,x)$ の関数になっており，速度 $v = \frac{1}{\sqrt{LC}}$ で $+x$ 方向に伝搬する波動に相当する．一方，第 2 項は同じく速度 $v = \frac{1}{\sqrt{LC}}$ で $-x$ 方向に伝搬する波動に相当する．また電流は

$$I(x) = \frac{A\exp(-j\beta x) - B\exp(j\beta x)}{Z_0}$$

となる．ただし，$Z_0 = \sqrt{\frac{L}{C}}$ は**特性インピーダンス**と呼ばれる．また $A\exp(-j\beta x)$ を**前進波**，$B\exp(j\beta x)$ を**後退波**とも呼ばれる．

なお区間長が x の一様な分布定数線路の $[F]$ 行列を求めておく．$x = x$ と 0 における電圧，電流を $V(x), I(x), V(0), I(0)$ とすると

$$\begin{bmatrix} V(x) \\ Z_0 I(x) \end{bmatrix} = \begin{bmatrix} \exp(-j\beta x) & \exp(j\beta x) \\ \exp(-j\beta x) & -\exp(j\beta x) \end{bmatrix} \begin{bmatrix} A \\ B \end{bmatrix}, \quad \begin{bmatrix} V(0) \\ Z_0 I(0) \end{bmatrix} = \begin{bmatrix} 1 & 1 \\ 1 & -1 \end{bmatrix} \begin{bmatrix} A \\ B \end{bmatrix}$$

$$\therefore \begin{bmatrix} V(x) \\ Z_0 I(x) \end{bmatrix} = \begin{bmatrix} \exp(-j\beta x) & \exp(j\beta x) \\ \exp(-j\beta x) & -\exp(j\beta x) \end{bmatrix} \begin{bmatrix} 1 & 1 \\ 1 & -1 \end{bmatrix} \begin{bmatrix} \frac{V(0)}{2} \\ \frac{I(0)Z_0}{2} \end{bmatrix}$$

$$\therefore \begin{bmatrix} V(x) \\ Z_0 I(x) \end{bmatrix} = \begin{bmatrix} \cos(\beta x) & -j\sin(\beta x) \\ -j\sin(\beta x) & \cos(\beta x) \end{bmatrix} \begin{bmatrix} V(0) \\ Z_0 I(0) \end{bmatrix}$$

もしくは

$$\begin{bmatrix} V(0) \\ Z_0 I(0) \end{bmatrix} = \begin{bmatrix} \cos(\beta x) & j\sin(\beta x) \\ j\sin(\beta x) & \cos(\beta x) \end{bmatrix} \begin{bmatrix} V(x) \\ Z_0 I(x) \end{bmatrix}$$

となる．もし $B=0$ つまり反射波がない場合を想定すると

$$\frac{V(x)}{I(x)} = \frac{V(0)}{I(0)} = Z_0$$

となり，無限に長いケーブルの入力インピーダンスが**特性インピーダンス**に一致する．

次に $[F]$ 行列から $[S]$ 行列を導出しておく．

$$V(0) = a_1 + b_1, \quad I(0) = (a_1 - b_1)Y_0$$

ただし，a_1 は入射波，b_1 は反射波，Y_0 は外部基準アドミタンス．

$$\therefore b_1 = \frac{V(0) - \frac{I(0)}{Y_0}}{2}$$

$$= \left(\cos(\beta x) - j\frac{\sin(\beta x)}{Z'}\right)\frac{V(x)}{2} + \left(jZ_0\sin(\beta x) - \frac{\cos(\beta x)}{Y_0}\right)\frac{I(x)}{2}$$

$$
\begin{aligned}
&= \left(\cos(\beta x) - j\frac{\sin(\beta x)}{Z'}\right)\frac{a_2 + b_2}{2} + (jZ'\sin(\beta x) - \cos(\beta x))\frac{b_2 - a_2}{2} \\
&= \left(\cos(\beta x) - j\sin(\beta x)\frac{Z' + \frac{1}{Z'}}{2}\right)a_2 + j\frac{Z' - \frac{1}{Z'}}{2}\sin(\beta x)b_2
\end{aligned}
$$

ただし，$Z' = Z_0 Y_0$．一方

$$
\begin{aligned}
a_1 &= \frac{V(0) + \frac{I(0)}{Y_0}}{2} \\
&= \left(\cos(\beta x) + j\frac{\sin(\beta x)}{Z'}\right)\frac{V(x)}{2} + \left(jZ_0\sin(\beta x) + \frac{\cos(\beta x)}{Y_0}\right)\frac{I(x)}{2} \\
&= \left(\cos(\beta x) + j\frac{\sin(\beta x)}{Z'}\right)\frac{a_2 + b_2}{2} \\
&\quad + \left(jZ_0\sin(\beta x) + \frac{\cos(\beta x)}{Y_0}\right)(b_2 - a_2)\frac{Y_0}{2} \\
&= j\sin(\beta x)\frac{-Z' + \frac{1}{Z'}}{2}a_2 + \left(j\frac{Z' + \frac{1}{Z'}}{2}\sin(\beta x) + \cos(\beta x)\right)b_2
\end{aligned}
$$

$$
\therefore \quad S_{22} = S_{11} = \frac{j\sin(\beta x)\frac{Z' - \frac{1}{Z'}}{2}}{j\frac{Z' + \frac{1}{Z'}}{2}\sin(\beta x) + \cos(\beta x)}
$$

$$
S_{21} = S_{12} = \frac{1}{j\frac{Z' + \frac{1}{Z'}}{2}\sin(\beta x) + \cos(\beta x)}
$$

となる．なお

$$
|S_{11}|^2 + |S_{21}|^2 = |S_{22}|^2 + |S_{12}|^2 = 1
$$

となることが確認でき，この回路が無損失であることが分かる．

さて次に負荷インピーダンス Z_L と反射係数 Γ との関係を議論する．

$$
Z_\mathrm{L} = \frac{V(0)}{I(0)} = Z_0\frac{A+B}{A-B} \qquad \therefore \quad \Gamma = \frac{B}{A} = \frac{Z'_\mathrm{L} - 1}{Z'_\mathrm{L} + 1}
$$

ただし，$Z'_\mathrm{L} = \frac{Z_\mathrm{L}}{Z_0}$ は正規化負荷インピーダンス．なお，Γ と Z'_L とをまとめて描いた図表を**スミスチャート**と呼ぶ．

さて特別な場合として

11.1 分布定数回路

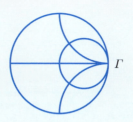

図 11.2 スミスチャート

$$Z_L = \infty \,(開放) \qquad \Gamma = +1$$
$$Z_L = 0 \,(短絡) \qquad \Gamma = -1$$
$$Z_L = Z_0 \,(整合) \qquad \Gamma = 0$$

となる．ところで距離 L だけ離れた位置での入力インピーダンスは

$$Z(-L) = Z_0 \frac{A\exp(j\beta L) + B\exp(-j\beta L)}{A\exp(j\beta L) - B\exp(-j\beta L)}$$
$$= \frac{Z_L + jZ_0 \tan(\beta L)}{jY_0 Z_L \tan(\beta L) + 1}$$

$$\therefore \quad \Gamma(-L) = \Gamma(0)\exp(-j2\beta L) = \Gamma(0)\exp\left(-j\frac{4\pi L}{\lambda}\right)$$

と簡単にまとめられる．特に $L = \frac{\lambda}{2}$ では $\Gamma(-L) = \Gamma(0)$ となり，反射係数は不変である．また $L = \frac{\lambda}{4}$ では $\Gamma(-L) = -\Gamma(0)$ となり，正規化インピーダンスで表現すると $Z'(-L) = \frac{1}{Z'(0)}$ となる．そのため $L = \frac{\lambda}{4}$ の線路は**インピーダンスインバータ**とも呼ばれる．

■ 例題 11.1

$Z_L = 100\,\Omega$, $Z_0 = \frac{100}{\sqrt{2}} = 70\,\Omega$ とすると入力インピーダンスはどうなるか.

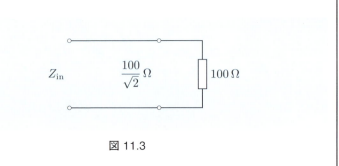

図 11.3

【解答】 入力インピーダンスは $50\,\Omega$ に変換される.

特性インピーダンスと無限周期配列： 同一の 2 ポート回路が無限に縦続接続された回路構造を考えてみる．すると無限周期性から ♯1 ポートから眺めた入力インピーダンス Z_{in} は ♯2 の出力ポートに Z_{in} を接続したときの入力インピーダンスに等しくなる．そのためこのインピーダンスを**反復インピーダンス**と呼んだりする．

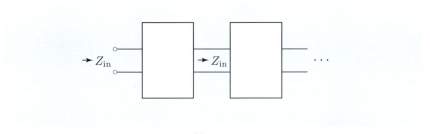

図 11.4

さて基本単位の 2 ポート回路の $[F]$ 行列を

$$[F] = \begin{bmatrix} A & B \\ C & D \end{bmatrix}$$

とすると

$$Z_{\text{in}} = \frac{AV_2 + BI_2}{CV_2 + DI_2} = \frac{AZ_{\text{in}} + B}{CZ_{\text{in}} + D}$$

$$\therefore \quad Z_{\text{in}}(CZ_{\text{in}} + D) = AZ_{\text{in}} + B, \quad CZ_{\text{in}}^2 + (D-A)Z_{\text{in}} - B = 0$$

$$\therefore \quad Z_{\text{in}} = \frac{\frac{A-D}{2} \pm \sqrt{(\frac{D-A}{2})^2 + BC}}{C}$$

となる．特に基本単位の 2 ポート回路が直列インダクタンス L と並列容量 C の縦続接続からなっているとすると

$$[F] = \begin{bmatrix} 1 & j\omega L \\ 0 & 1 \end{bmatrix} \begin{bmatrix} 1 & 0 \\ j\omega C & 1 \end{bmatrix}$$
$$= \begin{bmatrix} 1 - \omega^2 LC & j\omega L \\ j\omega C & 1 \end{bmatrix}$$

であり，さらに L, C が十分小さいとすると $A = D = 1$ と近似できるので

$$Z_{\text{in}} = \pm\sqrt{\frac{B}{C}} = \pm\sqrt{\frac{L}{C}}$$

となる．これは線路の**特性インピーダンス** $Z_0 = \sqrt{\frac{L}{C}}$ とも呼ばれる．なお，L, C の無損失リアクタンス素子から Z_0 の純抵抗が生まれることは一見すると奇妙に思われるかもしれない．しかし無限に縦続接続されていることが抵抗分の発生をもたらしているのである．

11.2 ハイブリッド回路

「2軸対称な可逆無損失4ポート回路に関する定理」を紹介しておく．この定理は，「2軸対称な可逆無損失4ポート回路が整合条件を満足しているとアイソレーションポート対が必ず存在する．また2個の透過係数の位相差は必ず90度になる」ことを主張している．

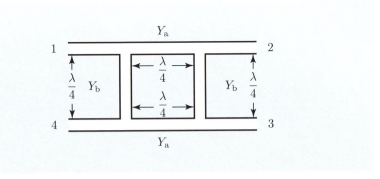

図 11.5

まず正方形の結線構造を考える．つまり2軸対称な4ポート回路が同じ長さ ($\frac{\lambda}{4}$) の4つの伝送線路から構成されているとする．ただし，対辺は同じ特性アドミタンス Y_a, Y_b とする．また外部の基準インピーダンスを Z_0 $(=\frac{1}{Y_0})$ とする．この4ポート回路の $[S]$ 行列は可逆性と2軸対称性を考慮すると

$$\begin{bmatrix} S_{11} & S_{12} & S_{13} & S_{14} \\ S_{12} & S_{11} & S_{14} & S_{13} \\ S_{13} & S_{14} & S_{11} & S_{12} \\ S_{14} & S_{13} & S_{12} & S_{11} \end{bmatrix}$$

となる．そして，この 4×4 行列の4個の固有ベクトルは

$$X_1 = \begin{bmatrix} 1 \\ 1 \\ 1 \\ 1 \end{bmatrix}, \quad X_2 = \begin{bmatrix} 1 \\ 1 \\ -1 \\ -1 \end{bmatrix}, \quad X_3 = \begin{bmatrix} 1 \\ -1 \\ 1 \\ -1 \end{bmatrix}, \quad X_4 = \begin{bmatrix} 1 \\ -1 \\ -1 \\ 1 \end{bmatrix}$$

であり，$[S]$ 行列の値に依存しないことが分かる．なお，この系列を（4次）**アダマール系列**と呼んでいる．こうして2軸対称な4ポート回路は4個の1ポート回路に分解される．そして4個の1ポート回路は対称面を開放もしくは短絡する4通りの組合せに対応している．また4個の固有値は

$$\lambda_1 = S_{11} + S_{12} + S_{13} + S_{14}, \quad \lambda_2 = S_{11} + S_{12} - S_{13} - S_{14}$$
$$\lambda_3 = S_{11} - S_{12} + S_{13} - S_{14}, \quad \lambda_4 = S_{11} - S_{12} - S_{13} + S_{14}$$

となるが，逆に

$$S_{11} = \frac{\lambda_1 + \lambda_2 + \lambda_3 + \lambda_4}{4}, \quad S_{12} = \frac{\lambda_1 + \lambda_2 - \lambda_3 - \lambda_4}{4}$$
$$S_{13} = \frac{\lambda_1 - \lambda_2 + \lambda_3 - \lambda_4}{4}, \quad S_{14} = \frac{\lambda_1 - \lambda_2 - \lambda_3 + \lambda_4}{4}$$

とも表現される．

$[S]$ 行列の固有値は**固有励振**（固有ベクトル）に対する等価な1ポート回路の反射係数に相当するが，さらに回路の無損失性を仮定すると

$$|\lambda_1| = |\lambda_2| = |\lambda_3| = |\lambda_4| = 1$$

となる．もしくは4個の1ポート回路の入力アドミタンスは

$$Y_1 = j(Y_a + Y_b), \quad Y_2 = j(Y_a - Y_b)$$
$$Y_3 = j(-Y_a - Y_b), \quad Y_4 = j(-Y_a + Y_b)$$

なお正方形の**ブランチライン**に沿って時計回りにポート番号 $1 \to 2 \to 3 \to 4$ を付けている．よって $Y_3 = -Y_1, Y_4 = -Y_2$ であるので

$$\lambda_1 = \frac{Y_0 - Y_1}{Y_0 + Y_1} = \lambda_3^*$$

となる．同様に，$\lambda_2 = \lambda_4^*$ となる．

次に整合条件を検討する．つまり

$$S_{11} = \frac{\lambda_1 + \lambda_2 + \lambda_3 + \lambda_4}{4} = 0$$

という条件である．そこでもし

$$\lambda_1 = -\lambda_2$$

が実現できれば

$$\lambda_1 + \lambda_2 + \lambda_1^* + \lambda_2^* = 0$$

となり整合条件が満たされることになる．さて $\lambda_1 = -\lambda_2$ の条件は

$$-(Y_\mathrm{a} + Y_\mathrm{b})(Y_\mathrm{a} - Y_\mathrm{b}) = Y_0^2$$

と等価である．さらに

$$S_{12} = \frac{\lambda_1 + \lambda_2 - \lambda_3 - \lambda_4}{4} = 0$$

も成立していることが分かる．つまりポート 1, 2 間（もしくはポート 3, 4 間）は回路的には繋がっているが電気的には分離していることになる．この性質は信号の分配，合成にとってとても望ましい性質である．一方，

$$S_{14} = \frac{\lambda_1 - \lambda_3}{2} = \frac{\lambda_1 - \lambda_1^*}{2} = j\,\mathrm{Im}\{\lambda_1\}$$

$$S_{13} = \frac{\lambda_1 + \lambda_3}{2} = \frac{\lambda_1 + \lambda_1^*}{2} = \mathrm{Re}\{\lambda_1\}$$

であり，2 つの透過係数 S_{14} と S_{13} 間には 90 度の位相差が存在する．一般には $Y_1 = j(Y_\mathrm{a} + Y_\mathrm{b})$ であるので

$$\lambda_1 = \frac{Y_0 - Y_1}{Y_0 + Y_1} = \exp(-2j\psi)$$

ただし，$\psi = \tan^{-1}\left(\frac{Y_\mathrm{a}+Y_\mathrm{b}}{Y_0}\right)$．

$$\therefore\ S_{14} = -j\sin(2\psi)$$
$$= -j2\sin(\psi)\cos(\psi)$$
$$= -j\frac{2\frac{Y_\mathrm{a}+Y_\mathrm{b}}{Y_0}}{\frac{(Y_\mathrm{a}+Y_\mathrm{b})^2}{Y_0^2}+1} = -j\frac{2(Y_\mathrm{a}+Y_\mathrm{b})Y_0}{(Y_\mathrm{a}+Y_\mathrm{b})^2+Y_0^2}$$
$$= -j\frac{2(Y_\mathrm{a}+Y_\mathrm{b})Y_0}{2Y_\mathrm{b}^2+2Y_\mathrm{b}Y_\mathrm{a}} = -j\frac{Y_0}{Y_\mathrm{b}}$$

同様に

$$S_{13} = \text{Re}\{\lambda_1\} = \cos(2\psi) = 2\cos^2(\psi) - 1 = \frac{1 - \left(\frac{Y_\text{a} + Y_\text{b}}{Y_0}\right)^2}{1 + \left(\frac{Y_\text{a} + Y_\text{b}}{Y_0}\right)^2}$$

$$= \frac{-Y_\text{a}^2 - Y_\text{a} Y_\text{b}}{Y_\text{b}^2 + Y_\text{a} Y_\text{b}} = -\frac{Y_\text{a}}{Y_\text{b}}$$

となるので,等分配される ($|S_{13}| = |S_{14}| = \frac{1}{\sqrt{2}} = -3\,\text{dB}$) 場合は

$$Y_\text{a} = Y_0, \quad Y_\text{b} = \sqrt{2}\, Y_0$$

である.

ここで比較のため,均一なブランチライン $Y_\text{a} = Y_\text{b} = Y_0$ の場合を検討しておこう.

$$Y_1 = 2jY_0 \qquad \lambda_1 = \frac{1 - 2j}{1 + 2j} = \frac{-3 - 4j}{5}$$

$$Y_2 = 0 \qquad \lambda_2 = 1$$

$$Y_3 = -2jY_0 \qquad \lambda_3 = \frac{-3 + 4j}{5}$$

$$Y_4 = 0 \qquad \lambda_4 = 1$$

以上のことから行列 $[S]$ は

$$S_{11} = \frac{\lambda_1 + \lambda_2 + \lambda_3 + \lambda_4}{4} = \frac{1}{5}$$

$$S_{12} = \frac{\lambda_1 + \lambda_2 - \lambda_3 - \lambda_4}{4} = -j\frac{2}{5}$$

$$S_{13} = \frac{\lambda_1 - \lambda_2 + \lambda_3 - \lambda_4}{4} = -\frac{4}{5}$$

$$S_{14} = \frac{\lambda_1 - \lambda_2 - \lambda_3 + \lambda_4}{4} = -j\frac{2}{5}$$

となり,整合もアイソレーションも取れていないことが分かる.

最後に同じような経路長でありながら,$|S_{12}| = 0 \neq |S_{14}| = \frac{1}{\sqrt{2}}$ となることを簡単に説明しておく.1周が λ のブランチライン上には4箇所の接合点があり,そこで反射と透過を繰り返していて反射波と進行波とが同時に存在している.そのため,一般には単純な2パスの重ね合わせで出力が決定される訳ではない.つまり,逆位相の2パスの重ね合わせでアイソレーションが実現されて

いる訳ではない．なおこの4ポート回路は**ブランチラインカプラー**と呼ばれるが，等振幅で90度位相差の2信号に分配されるので**円偏波**の発生や**平衡型増幅器**などに広く用いられる．

> **例題 11.2**
>
> 3dB結合ブランチラインの2つの出力ポートに同一の負荷（反射係数 Γ）を接続すると，整合のとれた伝達係数が $-j\Gamma$ の2ポート回路になることを示せ．
>
> $$[S] = \begin{bmatrix} 0 & -j\Gamma \\ -j\Gamma & 0 \end{bmatrix}$$
>
>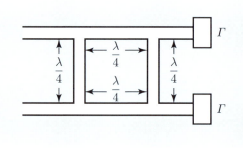
>
> 図 11.6　ブランチライン

【解答】3dB結合ブランチラインの4ポート $[S]$ 行列は

$$[S] = \begin{bmatrix} [O] & [U] \\ [U] & [O] \end{bmatrix}$$

$$\therefore \quad [b_1, b_2]^t = [U][a_3, a_4]^t, \quad [b_3, b_4]^t = [U][a_1, a_2]^t$$

ただし，$[O]$ はサイズ 2×2 の零行列．

$$\sqrt{2}\,[U] = \begin{bmatrix} -j & 1 \\ 1 & -j \end{bmatrix}, \quad \therefore \quad [U][U] = \begin{bmatrix} 0 & j \\ j & 0 \end{bmatrix}$$

$a_3 = \Gamma b_3,\ a_4 = \Gamma b_4$ であることから

11.2 ハイブリッド回路

$$\therefore \quad [a_3, a_4]^t = D[b_3, b_4]^t$$

ただし，$[D] = \mathrm{Diag}(\Gamma, \Gamma)$ は対角行列．

最終的に得られる 2 ポート $[S]$ 行列は

$$[b_1, b_2]^t = [U][a_3, a_4]^t = [U][D][b_3, b_4]^t = [U][D][U][a_1, a_2]^t = [S][a_1, a_2]^t$$

より

$$[S] = [U][D][U] = \begin{bmatrix} 0 & -j\Gamma \\ -j\Gamma & 0 \end{bmatrix} \qquad \square$$

ラットレース回路： ラットレース回路は 1 軸対称な可逆無損失 4 ポート回路であり 1.5λ の円周に沿って 4 個の入出力接合ポートがある回路である．その間隔は $\frac{\lambda}{4}$ の区間が 3 個で，$\frac{3\lambda}{4}$ の区間が 1 個である．

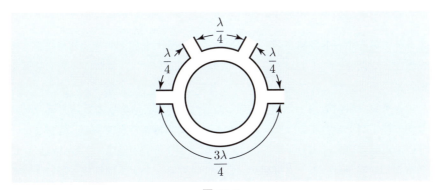

図 11.7

1 軸対称の構造なので，対称線上で開放か短絡にすることによって，4 ポート回路は 2 個の 2 ポート回路に分解できる．偶励振（開放条件）の場合の入力アドミタンスは

$$Y_e = jY + \frac{Y^2}{Y_0 - jY}$$

となり，奇励振（短絡条件）の場合の入力アドミタンスは

$$Y_{\mathrm{od}} = -jY + \frac{Y^2}{Y_0 + jY}$$

となる．整合条件を整理すると

$$Y_{\mathrm{e}} Y_{\mathrm{od}} = Y_0^2$$

となるので，

$$Y_{\mathrm{e}} Y_{\mathrm{od}} = Y^2 + \frac{Y^4}{Y_0^2 + Y^2} + \frac{Y^2 Y_0^2}{Y_0^2 + Y^2} = Y^2 + Y^2$$

よって最終的には

$$Y_0^2 = 2Y^2$$

となる．以上のことから外部基準インピーダンスを Z_0 とすると円周上の特性インピーダンスは $\sqrt{2}Z_0$ である．このとき対抗するポート間のアイソレーションが取れている．また全てのポートで整合も取れている．2個の透過係数は同相の場合と逆相の場合があり，励振する入力ポートの位置によって変わる．

アンテナの多ポート回路表現： アンテナの再放射問題と関連するが自由空間を多ポート回路として表現することを議論する．例えば，受信時に生じる**再放射**とは次のようなことである．

アンテナと自由空間を含めた系の $[S]$ 行列とそれに対応する電磁界モードのなかで給電点と結合するモードに関しては送受の可逆性を持つが，結合しない分布は実際の負荷に信号を取り出すことができない．問題は，この負荷に取り出すことのできないモード分布が，送信では生じないが，受信では電波の到来方向に依存して生じてしまうことにある．受信であろうと，アンテナ上に電流分布が生じる以上，その電流分布に基づく再放射が生じる．

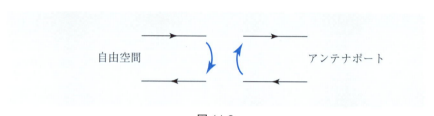

図 11.8

11.2 ハイブリッド回路

もしアンテナに対して後述の多ポート $[S]$ 行列表現が可能ならば結合しない分布は $[S_\text{ff}]$ の部分行列に相当することになる．一方，受信時に負荷と結合する部分は $\boldsymbol{S}_\text{af}$ である．送信に関与するのは S_aa （アンテナポートでの反射係数）と $\boldsymbol{S}_\text{fa}$ （送信指向性を固有球面波モードで展開したベクトル）だけでポート a を励振している限りは $[S_\text{ff}]$ に関係した成分は遠方界には一切現れないことになる．

なお例外的なアンテナ構造が微小ダイポールや微小ループで $N=1$ （固有球面波のモード数）となる．

さてアンテナに対する多ポート $[S]$ 行列表現とは

$$[S] = \begin{bmatrix} S_\text{aa} & \boldsymbol{S}_\text{af} \\ \boldsymbol{S}_\text{fa} & [S_\text{ff}] \end{bmatrix}$$

ただし添え字 a：アンテナ側，f：自由空間側
  S_aa：アンテナポートでの反射係数（スカラ）
  $\boldsymbol{S}_\text{af}$：アンテナ受信指向性（N 次元ベクトル）
  $\boldsymbol{S}_\text{fa}$：アンテナ送信指向性（N 次元ベクトル）
  $\boldsymbol{S}_\text{af} = \boldsymbol{S}_\text{fa}^t$ （送受可逆性）
  $[S_\text{ff}]$：アンテナの散乱再放射行列（$N \times N$ 行列）
  N：伝搬に寄与する固有球面波モードの個数

自由空間側からの入射 N 次元ベクトルを $\boldsymbol{A}_\text{f}$ とすると**受信電力**は $|\boldsymbol{S}_\text{af} \boldsymbol{A}_\text{f}|^2$，**散乱再放射電力**は $\boldsymbol{A}_\text{f}^\dagger S_\text{ff} \boldsymbol{A}_\text{f}$．

最後に $[S]$ の対称性（相反性）が仮定できるのであれば高木貞治の有名な定理により

$$[S] = [U][D][U]^t$$

と表現可能である．ただし，$[U]$ はユニタリ行列，$[D]$ は正実数の対角成分からなる対角行列で $[S][S]^*$ の固有値 λ_i^2 の平方根が対角成分 $\text{Diag}(\lambda_1, \lambda_2, \ldots)$ である．強いて高木定理をアンテナ理論に当てはめると固有球面波モードを $[U]$ で組み直したモードではモード間変換が無くなり，各モードの再放射電力反射係数は $[D]$ の対角成分 λ_i^2 で与えられることになる．

なお詳細な導出は省略するが，散乱界は短絡負荷時の散乱界と放射界とアンテナ/終端負荷で表現できる．具体的に述べると

$$E_{\mathrm{scat}} = E_{\mathrm{short}} - E_{\mathrm{ant}}\frac{I_0 Z_\mathrm{l}}{I_\mathrm{a}(Z_\mathrm{a} + Z_\mathrm{l})}$$

となる．ただし，

E_{scat}：散乱界

E_{short}：短絡負荷時の散乱界

E_{ant}：送信時の放射界

I_0：短絡負荷時の短絡電流

I_a：送信時の送信電流

Z_a：アンテナ放射インピーダンス

Z_l：受信時の負荷インピーダンス

もしくは正規化すると

$$\frac{E_{\mathrm{scat}}}{I_0} = \frac{E_{\mathrm{short}}}{I_0} - \frac{E_{\mathrm{ant}}}{I_\mathrm{a}}\frac{Z_\mathrm{l}}{Z_\mathrm{a} + Z_\mathrm{l}}$$

と表現できる．

11.3 全2重通信とブランチライン

同一の周波数帯を用いて送受信通信を行うことを，**全2重通信**と呼ぶ．ブランチラインのような4ポート回路を用いて全2重通信システムを実現することを考えてみよう．4ポートには送信用電力増幅器（♯1ポート）と受信用低損失増幅器（♯2ポート）と送受信共用のアンテナ（♯3ポート）とさらにアンテナからの不要反射を抑圧する可変調整負荷（♯4ポート）が接続されているとする．

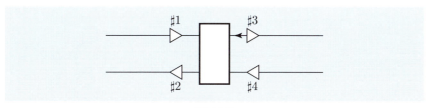

図 11.9

ブランチライン4ポート回路が理想的とすると，その $[S]$ 行列は2軸対称であるので

$$\begin{bmatrix} 0 & 0 & S_{13} & S_{14} \\ 0 & 0 & S_{14} & S_{13} \\ S_{13} & S_{14} & 0 & 0 \\ S_{14} & S_{13} & 0 & 0 \end{bmatrix}$$

となる．ただし，$|S_{13}| = |S_{14}| = \frac{1}{\sqrt{2}}$．アンテナの反射係数を Γ とするとポート♯1（送信増幅器）からポート♯2（受信増幅器）への伝達係数は

$$T = \Gamma S_{13} S_{14}$$

となる．ただし，ポート♯4には整合負荷が終端されているものと仮定．

$$\therefore \quad |T| = \frac{|\Gamma|}{2}$$

一方，通常の無線通信の送受信間の伝達係数は $-110\,\mathrm{dB}$ 程度以下であるので，T を $-40\,\mathrm{dB}$ 以下に抑えないと相手側からの受信信号レベルは送信機からの漏洩レベルより小さくなってしまい全2重通信ができない．なお残りの抑圧

量はデジタル信号処理で 70 dB を実現することを想定している．また普通アンテナの反射係数は $|\Gamma| = -20$ dB 程度以上であるので $|T| = -26$ dB 程度以上と見込まれる．そこでポート ♯4 に接続した可変調整負荷の反射係数を Γ' とすると，新たな伝達係数 T' は

$$T' = \Gamma S_{13}S_{14} + \Gamma' S_{13}S_{14} = (\Gamma + \Gamma')S_{13}S_{14}$$

となるので，Γ' をほぼ $-\Gamma$ に調整して $|\Gamma + \Gamma'| = -34$ dB 程度にすれば $|T'| = -40$ dB が実現できることになる．なおブランチラインを送受信双方で使用するので送受信間の挿入損失は 6 dB 増える．

差動モード伝送： 対称な 2 導体系を想定する．この構造は集積回路でしばしば採用されている．単位長当りの容量行列 $[C]$ とインダクタンス行列 $[L]$ は

$$[C] = \begin{bmatrix} C_{11} & C_{12} \\ C_{12} & C_{11} \end{bmatrix}, \quad [L] = \begin{bmatrix} L_{11} & L_{12} \\ L_{12} & L_{11} \end{bmatrix}$$

という構造でさらに

$$[C][L] = [L][C] = \varepsilon\mu[I] = \frac{[I]}{v^2}$$

の条件を満足しているとする．ただし $\varepsilon\mu = \frac{1}{v^2}$, v は伝搬速度．

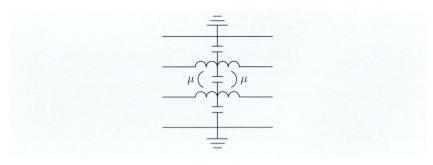

図 11.10

2 導体系の電信方程式は 2 次元電圧ベクトル $\boldsymbol{V}$ と 2 次元電流ベクトル $\boldsymbol{I}$ を用いて

11.3 全2重通信とブランチライン

$$\frac{\partial \boldsymbol{V}}{\partial x} = -j\omega[L]\boldsymbol{I}, \quad \frac{\partial \boldsymbol{I}}{\partial x} = -j\omega[C]\boldsymbol{V}$$

ただし，x は伝搬軸．

$$\therefore \quad \frac{\partial^2 \boldsymbol{V}}{\partial x^2} = -j\omega[L]\frac{\partial \boldsymbol{I}}{\partial x} = -\omega^2[L][C]\boldsymbol{V} = \left(\frac{j\omega}{v}\right)^2 \boldsymbol{V}$$

$$\therefore \quad \boldsymbol{V} = \boldsymbol{A}\exp(-j\beta x) + \boldsymbol{B}\exp(j\beta x)$$

ただし，$\beta = \frac{\omega}{v}$ は位相定数，$\boldsymbol{A}, \boldsymbol{B}$ は2次元定数ベクトル．

$$\therefore \quad \boldsymbol{V}(0) = \boldsymbol{A} + \boldsymbol{B}$$

また

$$C\frac{\partial \boldsymbol{V}}{\partial x} = j\beta[C](-\boldsymbol{A}\exp(-j\beta x) + \boldsymbol{B}\exp(j\beta x)) = -\frac{j\omega}{v^2}\boldsymbol{I}$$

$$\therefore \quad \boldsymbol{I} = v[C](\boldsymbol{A}\exp(-j\beta x) - \boldsymbol{B}\exp(j\beta x))$$
$$= [Y](A\exp(-j\beta x) - \boldsymbol{B}\exp(j\beta x))$$

$$\therefore \quad \boldsymbol{I}(0) = [Y](\boldsymbol{A} - \boldsymbol{B})$$

ただし，$[Y] = v[C]$ は特性アドミタンス行列．

$$\therefore \quad 2\boldsymbol{A} = \boldsymbol{V}(0) + [Z]\boldsymbol{I}(0), \quad 2\boldsymbol{B} = \boldsymbol{V}(0) - [Z]\boldsymbol{I}(0)$$

ただし，$[Z] = [Y]^{-1} = v[L]$ は特性インピーダンス行列．

$$\therefore \quad \boldsymbol{V}(x) = (\boldsymbol{V}(0) + [Z]\boldsymbol{I}(0))\frac{\exp(-j\beta x)}{2} + (\boldsymbol{V}(0) - [Z]\boldsymbol{I}(0))\frac{\exp(j\beta x)}{2}$$
$$= \boldsymbol{V}(0)\cos(\beta x) - j[Z]\boldsymbol{I}(0)\sin(\beta x)$$

一方

$$\boldsymbol{I}(x) = -[Y]\frac{(\boldsymbol{V}(0) - [Z]\boldsymbol{I}(0))\exp(j\beta x) - (\boldsymbol{V}(0) + [Z]\boldsymbol{I}(0))\exp(-j\beta x)}{2}$$
$$= -[Y]\boldsymbol{V}(0)j\sin(\beta x) + \boldsymbol{I}(0)\cos(\beta x)$$

こうして一般化された 4×4 次元の基本行列（$[F]$ 行列）が得られる．

$$[F] = \begin{bmatrix} [\cos(\beta x)] & j[Z]\sin(\beta x) \\ j[Y]\sin(\beta x) & [\cos(\beta x)] \end{bmatrix}$$

つまり

$$\begin{bmatrix} \bm{V}(x) \\ \bm{I}(x) \end{bmatrix} = \begin{bmatrix} [\cos(\beta x)] & -j[Z]\sin(\beta x) \\ -j[Y]\sin(\beta x) & [\cos(\beta x)] \end{bmatrix} \begin{bmatrix} \bm{V}(0) \\ \bm{I}(0) \end{bmatrix}$$

ただし，簡単のため対角要素が共に $\cos(\beta x)$ の 2 次元の対角行列を $[\cos(\beta x)]$ と表記している．

さて**差動モード伝送（奇モード伝送）**は

$$V_1 = -V_2 = \frac{V_d}{2}, \quad I_1 = -I_2 = \frac{I_d}{2}$$

であり

$$\begin{bmatrix} V_d(x) \\ I_d(x) \end{bmatrix} = \begin{bmatrix} \cos(\beta x) & -jZ_d \sin(\beta x) \\ -jY_d \sin(\beta x) & \cos(\beta x) \end{bmatrix} \begin{bmatrix} V_d(0) \\ I_d(0) \end{bmatrix}$$

と $[F]$ 行列は表現される．ただし $Z_d = \frac{1}{Y_d}$ は差動モードの特性インピーダンス．同様に**同相モード伝送（偶モード伝送）**は

$$V_1 = V_2 = V_e, \quad I_1 = I_2 = I_e$$

であり

$$\begin{bmatrix} V_e(x) \\ I_e(x) \end{bmatrix} = \begin{bmatrix} \cos(\beta x) & -jZ_e \sin(\beta x) \\ -jY_e \sin(\beta x) & \cos(\beta x) \end{bmatrix} \begin{bmatrix} V_e(0) \\ I_e(0) \end{bmatrix}$$

分布結合線路： 先に導出した 4×4 次元 $[F]$ 行列を $x = \frac{\lambda}{4}$ の場合に関してもう一度眺めてみよう．さらに $[S]$ 行列は

$$S_{22e} = S_{11e} = \frac{j \sin(\beta x) \frac{Z'_e - \frac{1}{Z'_e}}{2}}{j \frac{Z'_e + \frac{1}{Z'_e}}{2} \sin(\beta x) + \cos(\beta x)}$$

$$S_{21e} = S_{12e} = \frac{1}{j \frac{Z'_e + \frac{1}{Z'_e}}{2} \sin(\beta x) + \cos(\beta x)}$$

$$S_{22d} = S_{11d} = \frac{j \sin(\beta x) \frac{Z'_d - \frac{1}{Z'_d}}{2}}{j \frac{Z'_d + \frac{1}{Z'_d}}{2} \sin(\beta x) + \cos(\beta x)}$$

11.3 全2重通信とブランチライン

$$S_{21d} = S_{12d} = \cfrac{1}{j\cfrac{Z'_d + \frac{1}{Z'_d}}{2}\sin(\beta x) + \cos(\beta x)}$$

一方，4ポート回路の $[S]$ 行列は

$$S_{11} = \frac{S_{11e} + S_{11d}}{2} = 0$$

$$S_{13} = \frac{S_{11e} - S_{11d}}{2} = \cfrac{j\sin(\beta x)\cfrac{Z'_e - \frac{1}{Z'_e}}{2}}{j\cfrac{Z'_e + \frac{1}{Z'_e}}{2}\sin(\beta x) + \cos(\beta x)}$$

となる．そこで $x = \frac{\lambda}{4}$ の場合

$$\cos(\beta x) = 0, \quad \sin(\beta x) = 1$$

となるので

$$S_{12} = \frac{Z'_e - \frac{1}{Z'_e}}{Z'_e + \frac{1}{Z'_e}} = \frac{1}{\sqrt{2}}$$

$$S_{13} = \frac{S_{12e} + S_{12d}}{2} = -\cfrac{j}{\cfrac{Z'_e + \frac{1}{Z'_e}}{2}} = -\frac{j}{\sqrt{2}}$$

$$S_{14} = 0$$

こうして整合とアイソレーションのとれた4ポート回路が実現できる．なお実は任意の長さ x に対しても

$$S_{11} = S_{14} = 0$$

が実現されている．また

$$|\angle S_{12} - \angle S_{14}| = \frac{\pi}{2}$$

という位相差に関する性質も成立している．特に $Z'_e = \sqrt{2} + 1 = 2.414$, $Z'_d = \frac{1}{\sqrt{2}+1} = 0.414$ であれば3 dBの結合度が得られる．

$$[F] = \begin{bmatrix} [O] & j[Z] \\ j[Y] & [O] \end{bmatrix}$$

$$\therefore \boldsymbol{V}(x) = -j[Z]\boldsymbol{I}(0), \quad \boldsymbol{I}(x) = -j[Y]\boldsymbol{V}(0)$$

$$\therefore V_\mathrm{e}(x) = -jZ_\mathrm{e}I_\mathrm{e}(0), \quad I_\mathrm{e}(x) = -jY_\mathrm{e}V_\mathrm{e}(0)$$

$$V_\mathrm{d}(x) = -jZ_\mathrm{d}I_\mathrm{d}(0), \quad I_\mathrm{d}(x) = -jY_\mathrm{d}V_\mathrm{d}(0)$$

電圧・電流から入射波・反射波に変換すると

$$V_1(0) = a_1 + b_1, \quad I_1(0) = (a_1 - b_1)Y_0$$

$$V_2(0) = a_2 + b_2, \quad I_2(0) = (a_2 - b_2)Y_0$$

$$V_1(x) = a_3 + b_3, \quad I_1(x) = -(a_3 - b_3)Y_0$$

$$V_2(x) = a_4 + b_4, \quad I_2(x) = -(a_4 - b_4)Y_0$$

ただし，全てのポートの基準インピーダンスを $Z_0 = \frac{1}{Y_0}$ とする．

$$\therefore a_3 + b_3 + a_4 + b_4 = -jZ_\mathrm{e}(a_1 - b_1 + a_2 - b_2)Y_0$$

$$a_3 + b_3 - a_4 - b_4 = -jZ_\mathrm{d}(a_1 - b_1 - a_2 + b_2)Y_0$$

$$-a_3 + b_3 - a_4 + b_4 = -jY_\mathrm{e}(a_1 + b_1 + a_2 + b_2)Z_0$$

$$-a_3 + b_3 + a_4 - b_4 = -jY_\mathrm{d}(a_1 + b_1 - a_2 - b_2)Z_0$$

$$\therefore b_3 = -j(Z'_\mathrm{e} + Y'_\mathrm{e} + Z'_\mathrm{d} + Y'_\mathrm{d})\frac{a_1}{4} - j(-Z'_\mathrm{e} - Z'_\mathrm{d} + Y'_\mathrm{e} + Y'_\mathrm{d})\frac{b_1}{4}$$

$$- j(Z'_\mathrm{e} - Z'_\mathrm{d} + Y'_\mathrm{e} - Y'_\mathrm{d})\frac{a_2}{4} - j(-Z'_\mathrm{e} + Z'_\mathrm{d} + Y'_\mathrm{e} - Y'_\mathrm{d})\frac{b_2}{4}$$

ただし，$Z'_\mathrm{e} = Z_\mathrm{e}Y_0, Z'_\mathrm{d} = Z_\mathrm{d}Y_0, Y'_\mathrm{e} = \frac{1}{Z'_\mathrm{e}}, Y'_\mathrm{d} = \frac{1}{Z'_\mathrm{d}}$．ここでさらに $Z'_\mathrm{e} = Y'_\mathrm{d}$ の条件を課すと

$$b_3 = -j(Z'_\mathrm{e} + Z'_\mathrm{d})\frac{a_1}{2} - j(-Z'_\mathrm{e} + Z'_\mathrm{d})\frac{b_2}{2}$$

同様に

$$a_3 + b_3 + a_4 + b_4 = -jZ_\mathrm{e}(a_1 - b_1 + a_2 - b_2)Y_0$$

$$a_3 + b_3 - a_4 - b_4 = -jZ_\mathrm{d}(a_1 - b_1 - a_2 + b_2)Y_0$$

$$-a_3 + b_3 - a_4 + b_4 = -jY_\mathrm{e}(a_1 + b_1 + a_2 + b_2)Z_0$$

$$-a_3 + b_3 + a_4 - b_4 = -jY_\mathrm{d}(a_1 + b_1 - a_2 - b_2)Z_0$$

11.3 全2重通信とブランチライン

$$\therefore \quad b_4 = -j(-Z'_e + Z'_d)\frac{b_1}{2} - j(Z'_e + Z'_d)\frac{a_2}{2}$$

$$a_3 = -j(-Z'_e - Z'_d)\frac{b_1}{2} - j(Z_e - Z'_d)\frac{a_2}{2}$$

$$a_4 = -j(Z'_e - Z'_d)\frac{a_1}{2} - j(-Z'_e + Z'_d)\frac{b_1}{2}$$

となる．さらに最終的に構造の対称性から

$$S_{11} = S_{22} = S_{33} = S_{44} = S_{12} = S_{34} = 0$$

$$S_{13} = S_{24} = -j\frac{Z'_e + Z'_d}{2}, \quad S_{23} = S_{14} = j\frac{Z'_e - Z'_d}{2}$$

となる．なお

$$|S_{13}|^2 + |S_{14}|^2 = \frac{(Z'_e)^2 + (Z'_d)^2}{2}$$

マーチャントバラン： 図 11.11 に示すように2段の分布結合方向性結合器を組み合わせることによって**マーチャントバラン**（Marchand Balun）（**平衡–非平衡変換回路**）が実現できる．最終的に非平衡ポートから平衡ポートへの伝達係数は $j\frac{2}{3}$ と $-j\frac{2}{3}$ となり，2つの平衡ポートの出力は逆相になることが分かる．なお非平衡ポートでの反射係数は $-\frac{1}{2} + \frac{1}{6} = -\frac{1}{3}$ となり $(\frac{2}{3})^2 + (\frac{2}{3})^2 + (\frac{1}{3})^2 = 1$ から回路の無損失性が確認できる．もし非平衡ポートで整合が取れているためには分布結合型の方向性結合器は $S_{12} = \frac{1}{\sqrt{3}}, S_{13} = -j\frac{\sqrt{2}}{\sqrt{3}}$ と設計すればよい．そしてこのときの伝達係数は $\frac{j}{\sqrt{2}}$ と $-\frac{j}{\sqrt{2}}$ となり整合の取れた完全なバランが得られる．なおこの場合，$Z'_e = \sqrt{2} = \frac{1}{Z'_d}$ である．

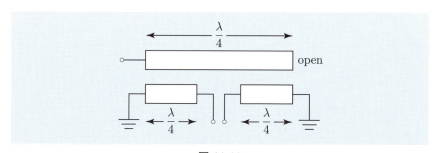

図 11.11

11 章 の 問 題

☐ **1** 特性インピーダンス $\sqrt{2}Z_0$ の 2 本の長さ $\frac{\lambda}{4}$ の伝送線路と，その間に $2Z_0$ の吸収抵抗を接続して構成される 3 ポート回路は**ウィルキンソン（Wilkinson）2 分岐電力分配器**と呼ばれる．この回路動作を説明せよ．ただし，外部回路の基準インピーダンスは Z_0 とする。

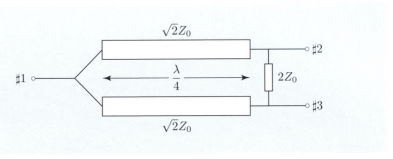

図 11.12　ウィルキンソン 2 分岐電力分配器

第12章
信号の確率過程と信号処理システム

もしも汝が〈賢明で共同し行儀正しい明敏な同伴者〉を得たならば，あらゆる危機に打ち勝ち，こころ喜び，気を落着かせて，彼と共に歩め…

——ブッダ「善友」

　回路特性が確定していなくて回路内部の素子や電源が確率的に変動する回路が存在する．これらは確率的回路と呼ぶことができよう．ここでは確率的に変動する回路の解析法と特性を紹介する．またデジタル通信システムを取り上げてその確率的挙動の解析法を明らかにする．

12.1	確率過程としての熱雑音
12.2	信号処理とシステム
12.3	バトラーマトリックスとその応用

12.1 確率過程としての熱雑音

まず抵抗の熱雑音から議論を始めよう．抵抗 R に電流 I が流れると $V = IR$ の電圧が R の両端に発生し

$$VI = \frac{V^2}{R} = I^2 R$$

の電力が抵抗 R 内で消費され，電気エネルギーが熱エネルギーに変換され温度上昇をもたらす．この熱を**ジュール熱**と呼んだりする．一方，抵抗 R が温度 T の状態に置かれていると熱的な擾乱で抵抗には起電力が発生する．ただし，この起電力は確定値ではなくて確率的に変動するランダムな値である．ナイキスト（Nyquist）によれば，この熱起電力 v_n の 2 乗平均値 $E\{v_n^2\}$ は

$$4k_\mathrm{B}TRB$$

で与えられる．ただし，k_B はボルツマンは定数 $= 1.38 \times 10^{-23}$ J/K で，B は観測している信号の帯域幅つまり抵抗 R の熱擾乱による有能電力は $k_\mathrm{B}TB$，単位帯域幅当りの有能電力は $k_\mathrm{B}T$ となりそれぞれ抵抗値 R によらないことが分かる．なお常温では $k_\mathrm{B}T = -174\,\mathrm{dBm/Hz}$ となる．また熱擾乱による有能電力の電力スペクトル密度は温度 T だけで決まり周波数によらないので**白色雑音**とも呼ばれる．

さて受信機の初段には低雑音増幅器が不可欠である．受信機では信号レベルが低いので非線形性を考慮する必要はないが，増幅器の雑音特性を理解するためには増幅器内部の確率的に変動する雑音源を考慮する必要がある．つまり鳳–テブナンの定理を一般化して，n ポートの線形回路と n 個の開放電圧源との直列接続で**確率的線形回路**は表現される．式で表現すると

$$\boldsymbol{v} = [Z]\boldsymbol{i} + \boldsymbol{e}$$

ただし，$[Z]$ はサイズ $n \times n$ のインピーダンス行列で確定値，$\boldsymbol{e}$ は n 次元の電圧源ベクトルで確率変数である．

この回路に $2n$ ポートの確定した線形回路を接続すると

$$\boldsymbol{v}' = [Z']\boldsymbol{i}' + \boldsymbol{e}'$$

と変化する．ただし，$2n$ ポートの外部接続された無損失線形回路のインピーダンス行列を

$$\begin{bmatrix} [Z_{\mathrm{aa}}] & [Z_{\mathrm{ab}}] \\ [Z_{\mathrm{ba}}] & [Z_{\mathrm{bb}}] \end{bmatrix}$$

と定義すると

$$\boldsymbol{e}' = [Z_{\mathrm{ba}}]([Z] + [Z_{\mathrm{aa}}])^{-1}\boldsymbol{e}$$
$$[Z'] = [Z_{\mathrm{bb}}] - [Z_{\mathrm{ba}}]([Z] + [Z_{\mathrm{aa}}])^{-1}[Z_{\mathrm{ab}}]$$

となる．さらに外部に接続する $2n$ ポート回路に無損失性を仮定すると不変に保たれる量が n 個存在することになる．つまり，$[H] = [Z_{\mathrm{ba}}]([Z] + [Z_{\mathrm{aa}}])^{-1}$ とおくと

$$([Z'] + [Z']^{\dagger}) = [H]^{\dagger}([Z] + [Z]^{\dagger})[H]$$

と

$$(\boldsymbol{e}'\boldsymbol{e}'^{\dagger}) = [H]^{\dagger}(\boldsymbol{e}\boldsymbol{e}^{\dagger})[H]$$

は共通の変換（**相似変換**）を受けるので，$(\langle \boldsymbol{e}\boldsymbol{e}^{\dagger}\rangle)^{-1}([Z]+[Z]^{\dagger})$ の固有値が回路不変量になる．ただし，$\langle \ \rangle$ の操作は確率変量に関しての平均操作を意味している．なお，これは**可換電力**に相当する．増幅器においては少なくとも 1 個は負性抵抗を有している．

さて雑音特性を最良にする設計を考えてみる．結論を述べると**最小雑音指数** M_{opt} は

$$M_{\mathrm{opt}} = -\frac{P_{\mathrm{e,min}}}{k_{\mathrm{B}}T_{\mathrm{i}}B}$$

となる．ただし，$P_{\mathrm{e,min}}$ は最小の絶対値の可換電力，T_{i} は基準温度，B は帯域幅である．このようにして最小雑音特性を持った増幅器の設計がなされる．

12.2 信号処理とシステム

ここでは有用な信号処理を実現する回路やシステムを紹介しよう．

12.2.1 DFT

時間軸上等間隔 ΔT で標本化された N 個のデータ $X_n = X(n\Delta T)$ ($n = 0, 1, \ldots, N-1$) を離散的な周波数軸上の値に対してフーリエ変換したものを **DFT**（Discrete Fourier Transform：**離散フーリエ変換**）と呼ぶ．その定義は

$$Y_m = \sum_{n=0}^{N-1} X_n \exp\left(-jmn\frac{2\pi}{N}\right)$$

である．なお**離散周波数**は

$$\frac{m}{N\Delta T} \quad (m = 0, 1, \ldots, N-1)$$

である．ところで $T = N\Delta T$ は標本化している信号の全時間範囲に相当する．なお**逆離散フーリエ変換**は

$$X_n = \sum_{m=0}^{N-1} Y_m \frac{\exp(jmn\frac{2\pi}{N})}{N}$$

である．なぜなら

$$\sum_{m=0}^{N-1} Y_m \frac{\exp(jmn\frac{2\pi}{N})}{N} = \sum_{m=0}^{N-1}\sum_{n'=0}^{N-1} X_{n'} \frac{\exp(-jmn'\frac{2\pi}{N})\exp(jmn\frac{2\pi}{N})}{N}$$

$$= \sum_{m=0}^{N-1}\sum_{n'=0}^{N-1} X_{n'} \frac{\exp\left\{jm(n-n')\frac{2\pi}{N}\right\}}{N}$$

$$= \sum_{n'=0}^{N-1} N\delta_{n-n'} \frac{X_{n'}}{N}$$

$$= X_n$$

ただし

$$\delta_n = \begin{cases} 1 & (n = 0 \text{ のとき}) \\ 0 & (n \neq 0 \text{ のとき}) \end{cases}$$

で**クロネッカー**（Kronecker）**のデルタ記号**と呼ぶ．

12.3 バトラーマトリックスとその応用

バトラーマトリックス（Butler Matrix）とは $2N$ ポートで方向性結合器とたすき掛け配線（0 dB 結合器）の組合せで，N ポート入力から N ポート出力の伝達行列が離散フーリエ変換 $[U]$ に一致するものである．つまり $2N$ ポート回路の $[S]$ 行列は

$$[S] = \begin{bmatrix} [O] & [U] \\ [U]^t & [O] \end{bmatrix}$$

ただし，$[O], [U]$ は $N \times N$ 行列．ここでは全てのポートでの整合とアイソレーションを仮定している．

さて $[U] = [U_{n,m}]$ は N 点 DFT なので

$$U_{n,m} = \frac{\exp(-jnm\frac{2\pi}{N})}{\sqrt{N}}$$

である．ただし，便宜上，添え字範囲は $n, m = 0, 1, \ldots, N-1$．なお $[U]$ は対称なユニタリ行列（$[U]^t = [U]$）である．

さてここで出力 N ポートは全て開放（$\Gamma = 1$）と仮定してみる．なお全て短絡（$\Gamma = -1$）でも構わない．このとき実現される N ポート回路の $[S]$ 行列は

$$[S] = [U][D][U]$$

ただし，$[D] = \mathrm{Diag}(\Gamma, \ldots, \Gamma) = [I]$．

$$\therefore \quad [S] = [U][U] = [S_{p,q}]$$

$$\therefore \quad [S_{p,q}] = \sum_{m=0}^{N-1} \frac{\exp(-jpm\frac{2\pi}{N})\exp(-jmq\frac{2\pi}{N})}{N} = \sum_{m=0}^{N-1} \frac{\exp\left\{-j(p+q)m\frac{2\pi}{N}\right\}}{N}$$

となる．

$$\therefore \quad S_{p,q} = \begin{cases} 1 & (p+q = 0 \bmod N \text{ のとき}) \\ 0 & (\text{その他}) \end{cases} \tag{12.1}$$

となる．なお同じく添え字範囲は $p, q = 0, \ldots, N-1$ である．

N を偶数とすると N ポート回路は ♯0 と ♯$\frac{N}{2}$ とが開放終端の 2 個の 1 ポート

と ♯p と ♯q（ただし $p+q=N$ の関係）を結ぶ $\frac{N}{2}-1$ 個の電気長が 0 の伝送線路（2 ポート）に分離できることになる．もし入力 N ポートが等間隔 1 次元アレイアンテナに接続されていると等振幅等位相差の入力ベクトルとなる．なおこの場合，位相差は $\theta = 2\pi\frac{d\sin(\psi)}{\lambda}$ となる．ただし d はアレイ間隔，ψ は到来角，λ は波長．

便宜上，♯0 ポートの基準位相を 0 とすると ♯q ポートの位相は $-q\theta$ となる．そこで (12.1) より ♯p ($=N-q$) ポートの反射波の位相は $-q\theta$ となる．つまり

$$(-0, -(N-1)\theta, -(N-2)\theta, \ldots, -\theta)$$

となる．♯0 ポートを除けば隣接ポート間の位相差は θ となり入射波の位相差 $-\theta$ と反転する．こうして N が十分大きければ，**レトロ方向散乱体**（任意の到来方向と等しい方向に反射させる散乱体）になる．

FFT の原理： N 個の時間軸上の時系列 $\{X_n\}$ ($n=0,1,\ldots,N-1$) に対する離散フーリエ変換の定義は

$$Y_m = \sum_{n=1}^{N-1} \frac{Z^{nm} X_n}{\sqrt{N}}$$

である．ただし $Z = \exp(-j\frac{2\pi}{N})$ は 1 の N 乗根である．なお逆離散フーリエ変換は

$$X_n = \sum_{m=0}^{N-1} \frac{Y_m Z^{-nm}}{\sqrt{N}}$$

となる．なぜなら

$$\begin{aligned}
X_n &= \sum_{m=0}^{N-1} \frac{Y_m Z^{-nm}}{\sqrt{N}} \\
&= \sum_{m=0}^{N-1} Z^{-nm} \sum_{n'=1}^{N-1} X_{n'} Z^{n'm} N \\
&= \sum_{n'=1}^{N-1} X_{n'} \sum_{m=0}^{N-1} \frac{Z^{(n'-n)m}}{N}
\end{aligned}$$

12.3 バトラーマトリックスとその応用

$Z \neq 1$ の場合

$$X_n = \sum_{n'=1}^{N-1} X_{n'} \frac{\frac{Z^{(n'-n)N}-1}{Z-1}}{N}$$

$$= \sum_{n'=1}^{N-1} X_{n'} \times 0 \quad (Z^N = 1 \text{ より}) \tag{12.2}$$

$Z = 1$ の場合

$$X_n = \sum_{n'=1}^{N-1} X_{n'} \tag{12.3}$$

つまり (12.2), (12.3) より

$$X_n = \sum_{n'=1}^{N-1} X'_n \delta_{n'-n \bmod N}$$

さて $N = N_1 N_2$ の場合を考える. そして $n = n_0 N_1 + n_1, m = m_0 N_2 + m_1$ と展開する. ただし $n_0 = 0, 1, \ldots, N_2 - 1, n_1 = 0, 1, \ldots, N_1 - 1, m_0 = 0, 1, \ldots, N_1 - 1, m_1 = 0, 1, \ldots, N_2 - 1$ とする. このとき

$$nm \bmod N = (n_0 N_1 + n_1)(m_0 N_2 + m_1) \bmod N$$
$$= (n_0 m_1 N_1 + n_1 m_0 N_2 + n_1 m_1) \bmod N$$

$$\therefore \quad Y_m = Y(m_0, m_1) = \sum_{n_0=0}^{N_2-1} \sum_{n_1=0}^{N_1-1} X(n_0, n_1) Z^{n_0 m_1 N_1 + n_1 m_0 N_2 + n_1 m_1}$$

そこで中間的な系列として

$$Y'(m_1, n_1) = \sum_{n_0=0}^{N_2-1} X(n_0, n_1) Z^{n_0 m_1 N_1}$$

を定義する. 最終的には

$$Y_m = Y(m_0, m_1) = \sum_{n_1=0}^{N_1-1} Y'(m_1, n_1) Z^{n_1 m}$$

となる.

最終的に掛け算回数は全体で $N_1 N + N_2 N = (N_1 + N_2) N < N^2$ となる．こうして定義通りの 2 重総和回数 N^2 より削減できることになる．このような分解を繰り返して，特に $N = 2^p$ であるとき掛け算回数は $pN = N \log N$ のオーダまで削減できることになる．このアルゴリズムを **FFT**（Fast Fourier Transform）と呼ぶ．20 世紀に発明された十大アルゴリズムの 1 つに数えられている．

自己相関関数と電力スペクトル： 通信系で用いる信号は多くの場合，有限の電力である．そして信号 $f(t)$ の自己相関関数は時間平均を用いて

$$\phi(t) = \lim_{T \to \infty} \int_{-T}^{+T} f(t+\tau) f(\tau)^* \frac{d\tau}{2T}$$

で与えられる．

一方**電力スペクトル** $P(\omega)$ は $\phi(t)$ のフーリエ逆変換で与えられる．

$$\phi(t) = \int_{-\infty}^{\infty} P(\omega) \exp(j\omega t) \frac{d\omega}{2\pi}$$

この関係を**ウィナー–ヒンチン**（Wiener-Khinchin）**の定理**と呼ぶ．

まず確定した周期関数の自己相関関数を検討し，次にランダムな信号について検討してみる．周期 T の周期関数 $f(t)$ は

$$f(t) = \sum_{n=-\infty}^{\infty} A_n \exp\left(j \frac{2\pi t n}{T}\right)$$

とフーリエ級数展開される．ただし $A_n = \int_0^T f(t) \exp\left(-j \frac{2\pi t n}{T}\right) \frac{dt}{T}$．自己相関関数の定義よりまず

$$\begin{aligned} f(t+\tau) f(\tau)^* &= \sum_{n=-\infty}^{\infty} A_n \exp\left\{j \frac{2\pi (t+\tau) n}{T}\right\} \sum_{m=-\infty}^{\infty} A_m^* \exp\left(-j \frac{2\pi \tau m}{T}\right) \\ &= \sum_{n=-\infty}^{\infty} \exp\left(j \frac{2\pi \tau n}{T}\right) \sum_{m=-\infty}^{\infty} A_n A_m^* \exp\left\{j \frac{2\pi \tau (n-m)}{T}\right\} \end{aligned}$$

であり展開関数の直交性より

$$\int_{-\infty}^{\infty} \exp\left\{j \frac{2\pi \tau (n-m)}{T}\right\} \frac{d\tau}{T} = \delta_{n-m}$$

となるので

$$\phi(t) = \sum_{n=-\infty}^{\infty} \exp\left(j\frac{2\pi tn}{T}\right) |A_n|^2$$

となり自己相関関数は周期 T の周期関数となる．なお元の信号の位相情報は失われることになる．さて，この場合には電力スペクトルは全て線スペクトルとなり

$$P(\omega) = \sum_{n=-\infty}^{\infty} |A_n|^2 \delta(\omega - n\omega_0)$$

となる．ただし $\omega_0 = \frac{2\pi}{T}$．

例 12.1 次に明確な周期を持たなくて $+1$ と -1 の 2 値を等確率で取るランダムな信号を考える．ただし以下の確率構造に関する条件をつけておく．

(1) 平均して毎秒 β 回の符号変化が起こる．
(2) T 秒間に n 回の符号変化の起こる確率 $p(n,T)$ は**ポアソン**（Poisson）**分布**に従う．

$$p(n,T) = (\beta T)^n \frac{\exp(-\beta T)}{n!}$$

(3) ランダムに生起する符号変化は互いに独立とする．

自己相関関数の定義から

$$\phi(\tau) = E\{f(t)f(t-\tau)\}$$

に一致するから $f(t) = \pm 1$ なので区間 $(t-\tau, t)$ において偶数回符号変化する確率から同じ区間で奇数回符号変化する確率を引いたものに等しい．

$$\phi(\tau) = P_e(\tau) - P_o(\tau)$$

$$P_e = \sum_{k=0}^{\infty} P_{2k}(\tau) = \sum_{k=0}^{\infty} (\beta|\tau|)^{2k} \frac{\exp(-\beta|\tau|)}{(2k)!}$$

$$= \frac{1 + \exp(-2\beta|\tau|)}{2}$$

$$P_o = \sum_{k=0}^{\infty} P_{2k+1}(\tau) = \sum_{k=0}^{\infty} (\beta|\tau|)^{2k+1} \frac{\exp(-\beta|\tau|)}{(2k+1)!}$$

$$= \frac{1 - \exp(-2\beta|\tau|)}{2}$$

$$\therefore \quad \phi(\tau) = \exp(-2\beta|\tau|)$$

よって電力スペクトル $P(\omega)$ は

$$P(\omega) = \int_{-\infty}^{\infty} \exp(-2\beta|\tau|)\exp(-j\omega\tau)d\tau = \frac{4\beta}{\omega^2 + 4\beta^2}$$

こうして**ローレンツ**（Lorentz）形の電力スペクトルになり，スペクトル帯域幅は β に比例することが分かる．　　　　　　　　　　　　　　　　　□

符号間干渉： まずシンボル長程度以上の遅延時間差が問題となるマルチパス環境下でのデジタル無線通信における**符号間干渉**を議論しておく（例えば，1 ns のシンボル長であれば，30 cm 程度の距離差のある多重無線チャンネル）．

符号間干渉解析に際して，以下の定義をしておく．

$$s(t) = \sum_{k=-\infty}^{\infty} A_k f(t - kT)$$

$s(t)$：連続時間系で定義されたベースバンドでの送信信号．
$\{A_k\}$：時刻 kT での送信シンボルであり確率変数となる．なお T はシンボル長．（例えば，QPSK（Quadrature Phase Shift Keying）変調であれば 4 値の複素数値を取る確率変数）
$f(t)$：送信フィルタの時間領域での応答で確定した時間関数．

さて送受信間のインパルス応答を $h(t)$ とする．ただし，注意すべきことは，ここでの議論は等価基底帯域での議論であるので実際の伝送帯域での搬送角周波数を ω_c とすると伝送帯域での伝達関数 $H(\omega)$ に対して

$$h(t) = \int_{-\infty}^{\infty} H(\omega + \omega_c)\exp(j\omega t)\frac{d\omega}{2\pi}$$

となることであり

$$h(t) = \int_{-\infty}^{\infty} H(\omega)\exp(j\omega t)\frac{d\omega}{2\pi}$$

ではない．また送受信機間の局発周波数のオフセット，変復調回路における I（In-phase）Q（Quadrature-phase）間のインバランスなどの不完全性は一切ないものとする．こうして連続時間系で定義される受信信号 $r(t)$ は $s(t)$ と $h(t)$ の畳み込み積分で与えられる．

12.3 バトラーマトリックスとその応用

$$r(t) = \int_{-\infty}^{\infty} h(\tau)s(t-\tau)d\tau = \sum_{k=-\infty}^{\infty} A_k f'(t-kT)$$

ただし,$f'(t)$ は $f(t)$ と $h(t)$ との畳み込み積分で与えられる時間関数である.また議論を簡単にするため,ここでは受信機の加法性雑音は無視している.

最後に受信機では受信フィルタ $g(t)$ で積分処理した離散時間系の時系列 $\{B_n\}$ が出力される.

$$\begin{aligned} B_n &= \int_{-\infty}^{\infty} r(nT-\tau)g(\tau)d\tau \\ &= \sum_{k=-\infty}^{\infty} A_k \int_{-\infty}^{\infty} f'(nT-kT-\tau)g(\tau)d\tau \\ &= \sum_{k=-\infty}^{\infty} A_k \int_{-\infty}^{\infty} F(\omega)H(\omega+\omega_c)G(\omega)\exp\{j(n-k)\omega T\}\frac{d\omega}{2\pi} \\ &= \sum_{k=-\infty}^{\infty} A_k H_{n-k} \end{aligned}$$

こうして送受信間の2つの時系列 $\{A_k\}, \{B_n\}$ を関係付ける離散時間系での伝達係数 H_{n-k} が

$$H_{n-k} = \int_{-\infty}^{\infty} F(\omega)H(\omega+\omega_c)G(\omega)\exp\{j(n-k)\omega T\}\frac{d\omega}{2\pi}$$

で与えられた.なお連続系の時間応答 $f(t), g(t), h(t)$ が全て時不変 $\{A_k\}, \{B_n\}$ は確率変数であるが,伝達係数系列 $\{H_n\}$ は確定値であることに注意.

つまりデジタル通信の枠組みは

$$\text{離散時間系} \rightarrow \text{連続時間系} \rightarrow \text{離散時間系}$$

となっている.

最後に **SIR** (Signal to Interference power Ratio:**符号間干渉電力比**) を計算する.なお送信シンボルの平均値は 0 でしかも平均電力は一定で,異なるシンボル間は統計的に独立とする.

$$E\{A_k\} = 0, \quad E\{|A_k|^2\} = P,$$
$$E\{A_k A_n^*\} = E\{A_k\}E\{A_n^*\} = 0$$

以上のことから，受信機での**信号電力** S は

$$S = E\{|A_k H_0|^2\} = P|H_0|^2$$

となる．ただし，送受信間の伝搬時間差は便宜上無視している．

一方，所望の信号以外の**干渉電力** I は

$$I = E\left\{\left|\sum_{k\neq n} A_k H_{n-k}\right|^2\right\}$$

$$\therefore\quad I = E\left\{\sum_{k\neq n} A_k H_{n-k} \sum_{m\neq n} A_m^* H_{n-m}^*\right\} = E\left\{\sum_{k\neq n} |A_k|^2\right\}|H_{n-k}|^2$$

$$= P \sum_{k\neq n} |H_{n-k}|^2$$

$$\therefore\quad \text{SIR} = \frac{S}{I} = \frac{|H_0|^2}{\sum_{k\neq 0} |H_k|^2}$$

こうして SIR は送信電力 P に依存せず，送受信間の伝達関数 $H(\omega+\omega_c)$ と送受信フィルタ特性だけで決まることが分かる．

デジタル通信におけるビット誤り率： 簡単なデジタル変調として BPSK（Binary Phase Shift Keying）を考える．これは送信すべきビット情報 $(0,1)$ に応じてアナログ値である $A, -A$ の信号を送る方式である．

一方受信信号 r には加法的に雑音 x が付加される．なお x は確率的に変動する量でありその確率構造は確率密度関数 $\text{pdf}(x)$ で与えられる．特に平均値 0，分散 σ^2 のガウス分布の場合には

$$\text{pdf}(x) = \frac{\exp(-\frac{x^2}{2\sigma^2})}{\sqrt{2\pi\sigma^2}}$$

となる．さて受信信号は送信ビットの $(0,1)$ に応じて $r = A+x$ もしくは $-A+x$ となる．そこで $r = 0$ がビット判定の境界となる．例えば $r < 0$ であればビット 1 と判定するのでビット 0 を送信した場合，ビット判定は誤ることになる．

12.3 バトラーマトリックスとその応用

そしてビット判定の誤り確率を **BER**（Bit Error Rate：**ビット誤り率**）と呼ぶ．つまり

$$\mathrm{BER} = \mathrm{Prob}\{0 \to 1\} = \mathrm{Prob}\{1 \to 0\}$$

$$\mathrm{Prob}\{0 \to 1\} = \mathrm{Prob}\{r < 0\} = \mathrm{Prob}\{x < -A\}$$

$$= \int_{-\infty}^{-A} \frac{\exp(-\frac{x^2}{2\sigma^2})}{\sqrt{2\pi\sigma^2}} dx$$

$$= F\left(\frac{A}{\sigma}\right)$$

ただし関数 $F(x)$ は $F(x) = \int_x^\infty \frac{\exp(-t^2/2)}{\sqrt{2\pi}} dt$．さて信号電力 $S = A^2$ であり，**雑音電力** $N = \sigma^2$ であるので $\frac{A}{\sigma} = \sqrt{\frac{S}{N}}$ となる．

$$\therefore \mathrm{BER} = F\left(\sqrt{\frac{S}{N}}\right)$$

つまりビット誤り率 BER は **SNR**（Signal to Noise Ratio：**信号対雑音比**） $\frac{S}{N}$ で決まる．

フェージングとダイバーシティ受信： 搬送波の 1 周期程度の多重遅延による受信信号の確率的な変動を**フェージング**（Fading）と呼ぶ．例えば $f_c = 50\,\mathrm{GHz}$ では 6 mm 程度の極めて僅かな距離差に相当する．この場合は等化器処理ではなくて無線チャンネル自体の確率構造を活用した**ダイバーシティ技術**が用いられる．まずこの話題に関して議論する．

様々な位相差（もしくは遅延時間差）のある多重波を受信した場合，確率論で重要な中心極限定理によりフェージング現象が生じる．つまり多数の波が重畳された受信波 r は複素ガウス分布で近似できるようになる．複素ガウス分布の確率密度関数は $\mathrm{pdf}(r) = \frac{\exp\{-|r|^2/(2\varGamma)\}}{2\pi}$ となる．さて

$$\mathrm{pdf}(r)|r|d|r|d\theta = \mathrm{pdf}(|r|)d|r|\mathrm{pdf}(\theta)d\theta$$

となる．言い換えると振幅 $|r|$ の確率密度は

$$\mathrm{pdf}(|r|) = |r|\frac{\exp(-\frac{|r|^2}{2\varGamma})}{\varGamma}$$

となる．ただし，$\varGamma = E\{|r|^2\}$．一方，位相 θ の確率密度は $[0, 2\pi]$ の区間で一

様となり

$$\mathrm{pdf}(\theta) = \frac{1}{2\pi}$$

となる．なお複素受信信号 r の平均は $E\{r\} = 0$ と仮定する．この場合を**レイリー（Rayleigh）分布**と呼び，一定の見通し波がない場合に相当する．また受信電力に相当する $|r|^2$ の確率密度関数は

$$\mathrm{pdf}(|r|^2) = \frac{\exp(-\frac{|r|^2}{\Gamma})}{\Gamma}$$

となり**指数分布**に従うようになる．つまり受信電力の確率密度は単調減少し，$|r|^2 = 0$ の場合が確率密度が最も高いことになる．一方，$E\{r\} \neq 0$ の場合，**ライス（Rice）分布**と呼ぶ．これは見通し波が存在する伝搬環境に相当する．

次に実効的に受信電力の SNR を高める方法を考える．受信機前段に増幅器を用意しても受信 SNR は変わらず改善されない．そこで複数の受信アンテナもしくは受信機を用意し複数の受信信号を線形重み付けして加算する．なお最適な線形重み係数は送信機と受信機間の伝達係数に比例することが知られている．これを**最大比合成，MRC（Maximum Ratio Combining）ダイバーシティ合成**と呼ぶ．ダイバーシティ後の SNR は自由度 m の χ^2 **分布**に従うようになる．なお m は受信アンテナ数である．こうして受信 SNR の確率密度は大幅に改善できる．

最適送受信フィルタ： さて，送受信フィルタに関して少し言及しておく．まず符号間干渉のない単一パルスの場合における SNR 最大化の観点からフィルタの最適値を求めておく（これはレーダ信号処理と関連している）．

簡単に表記するため

$$p(t) = f(t) \odot g(t)$$

とする．ただし $\odot$ は畳み込み積分．また信号電力 S を

$$S = |p(0)|^2 = \left| \int_{-\infty}^{\infty} F(\omega) G(\omega) \frac{d\omega}{2\pi} \right|^2$$

とする．一方，雑音電力 N は

12.3 バトラーマトリックスとその応用

$$N = E\left\{\left|\int_{-\infty}^{\infty} N(\omega)G(\omega)\frac{d\omega}{2\pi}\right|^2\right\} = N_0 \left|\int_{-\infty}^{\infty} G(\omega)\frac{d\omega}{2\pi}\right|^2$$

ただし，$N_0 = E\{|N(\omega)|^2\}$ は受信機の白色雑音の電力スペクトル密度である．

$\text{SNR} = \frac{S}{N}$ の $G(\omega)$ に関する最大化は**コーシー–シュワルツ** (Cauchy-Schwarz) **の不等式**により

$$\text{SNR} \leq \frac{\left|\int_{-\infty}^{\infty} F(\omega)\frac{d\omega}{2\pi}\right|^2}{N_0}$$

となり，この上限は

$$G(\omega) \propto F(\omega)^*$$

のときに達成される．最適な受信フィルタは送信フィルタの複素共役になり，これを**整合フィルタ**と呼ぶ．さらに符号間干渉のない $P(\omega) = |F(\omega)|^2$ の代表例が下記の**レイズドコサインフィルタ**である．

$$P(f) = \begin{cases} T & (0 \leq |f| \leq \frac{1-\beta}{2T}) \\ \frac{T}{2}\{1 - \sin(\frac{\pi T}{\beta})(f - \frac{1}{2T})\} & (\frac{1-\beta}{2T} \leq |f| \leq \frac{1+\beta}{2T}) \end{cases}$$

ただし β は**ロールオフ率**と呼ばれる係数（$0 \leq \beta \leq 1$）で，通信に用いる占有帯域は $\frac{1}{T}$ より $1+\beta$ 倍拡大する．

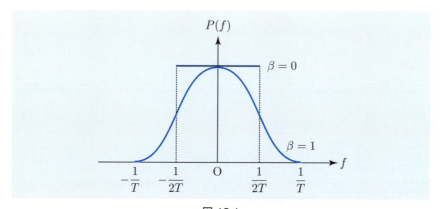

図 12.1

この時間領域応答は

$$p(t) = \frac{\sin(\frac{\pi t}{T})\cos(\frac{\beta \pi t}{T})}{\frac{\pi t}{T}{1-(\frac{2\beta t}{T})^2}}$$

であるので確かに

$$p(nT) = 0 \quad (n \neq 0)$$

となり，符号間干渉が生じないことが分かる．勿論，無線チャンネルにマルチパス遅延があれば，（その効果を等化しない限り）符号間干渉が生じる．

12 章 の 問 題

☐ **1** N 個の受信アンテナを用いて最大比ダイバーシティ合成したときの SNR を求めよ．ただし N 個のパスはレイリー分布に従い統計的に同一で独立とする．

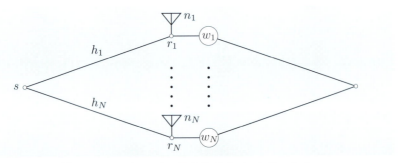

図 12.2　N ブランチの最大比ダイバーシティ合成

第13章

システム同定と等化

教育の根は苦いが,その果実は甘い.
——アリストテレス

対象としている未知の回路やシステムの特性を特定の測定信号を用いて推定することをシステム同定と呼び,一方望ましい特性に修正することをシステム等化と呼ぶ.ここではシステム同定とシステム等化の手法について,幾つか紹介する.

13.1	等化処理とは
13.2	TRL 回路校正

13.1 等化処理とは

遅延特性のある無線チャンネルの等化問題を考えてみよう．まず M 個までのシンボル遅延のある無線チャネルを離散時間系でモデル化する．そして時刻 n での受信値を $u(n)$ とする．この受信系列には遅延による符号間干渉と受信機での雑音が混ざっている．一方，等化のための重み係数を便宜上 b_i^* ($i = 0, \ldots, M-1$) とすると（線形）等化後の信号 $y(n)$ は

$$y(n) = b_0^* u(n) + \cdots + b_{M-1}^* u(n - M + 1) = \boldsymbol{b}^\dagger \boldsymbol{u}$$

ただし，$\boldsymbol{b} = [b_0, \ldots, b_{M-1}]^t, \boldsymbol{u} = [u(n), \ldots, u(n - M + 1)]^t$．そして**教師信号**として $d(n)$ とする（通常は送信シンボルを用いる）．重み係数の最適化に必要な目的関数は教師信号と等化後信号との平均 2 乗誤差 $E\{|e(n)|^2\}$ であり

$$\begin{aligned} E\{|e(n)|^2\} &= E\{|d(n) - y(n)|^2\} = E\{(d(n) - \boldsymbol{b}^\dagger \boldsymbol{u})(d(n) - \boldsymbol{b}^\dagger \boldsymbol{u})^*\} \\ &= E\{|d(n)|^2\} - E\{\boldsymbol{b}^\dagger \boldsymbol{u} d(n)^*\} - E\{d(n) \boldsymbol{u}^\dagger \boldsymbol{b}\} + E\{\boldsymbol{b}^\dagger \boldsymbol{u} \boldsymbol{u}^\dagger \boldsymbol{b}\} \end{aligned}$$

となる．$\boldsymbol{b}$ に関する最適化は

$$\frac{\partial}{\partial \boldsymbol{b}^\dagger} = \boldsymbol{0}$$

に帰着されるので

$$-E\{\boldsymbol{u} d(n)^*\} + E\{\boldsymbol{u} \boldsymbol{u}^\dagger\} \boldsymbol{b} = \boldsymbol{0}$$

となる．

$$\therefore \quad \boldsymbol{b} = [R]^{-1} \boldsymbol{v}$$

ただし，$[R] = E\{\boldsymbol{u} \boldsymbol{u}^\dagger\}$ は受信信号の相関行列であり $\boldsymbol{v} = E\{\boldsymbol{u} d(n)^*\}$ は受信信号と教師信号との相関ベクトルである．

こうして受信信号の統計的性質と受信機にとって既知の教師信号を用いて FIR 型の等化器の最適設計ができることになる．なお等化が適切に行えるということは送受信間の未知伝達関数の**逆システム**が推定できたことを意味している．

13.1 等化処理とは

巡回プリフィックスとOFDM： 連続した N シンボルを一塊にした**ブロック伝送**を考える．そして遅延パスが収まる最後の M シンボル分のコピーをブロックの先頭におくことにする．これを**巡回プリフィックス**と呼ぶ．このとき，無線チャンネルの伝達特性は $N \times N$ 正方行列になり，しかも巡回性が実現される．つまり無線チャンネル行列の要素 $H_{i,j}$ には

$$H_{i,j} = H_{(i-j) \bmod N}$$

という性質が得られる．巡回行列（8.3 節）の固有ベクトルを $\boldsymbol{X} = [X_0, \ldots, X_{N-1}]^t$，その固有値を λ とすると（ただし，巡回性から $X_j = \mu^j X_0$ となる）．

$$[H]\boldsymbol{X} \text{ の } i \text{ 成分} = \sum_{j=0}^{N-1} H_{i,j} X_j = \sum_{j=0}^{N-1} H_{i-j} \mu^j X_0 = \mu^i \sum_{i-j=0}^{N-1} H_{i-j} \mu^{j-i} X_0$$

$$= X_0 \mu^i \sum_{k=0}^{N-1} H_k \mu^{-k} = \lambda X_i = \lambda \mu^i X_0$$

$$\therefore \quad \lambda = \sum_{k=0}^{N-1} H_k \mu^{-k}$$

となる．ただし，$k \bmod N$ の巡回性から $\mu^N = 1$ の条件が必要になる．

$$\therefore \quad \mu = \exp\left(j\frac{2\pi n}{N}\right) \quad (n = 0, \ldots, N-1)$$

このときの固有値 λ は

$$\lambda = \sum_{k=0}^{N-1} H_k \exp\left(-j\frac{2\pi k n}{N}\right)$$

となる．
さて固有ベクトルの成分の間に

$$X_k = \exp\left(j\frac{2\pi k n}{N}\right) X_0$$

が成立するが，この操作は N 点 DFT 変換に一致する．こうしたブロック伝送を **OFDM** と呼び，無線伝送システムで広く用いられている．

相互相関関数による時不変線形システムの伝達関数推定： 定常確率過程の入力信号を $x(t)$ と仮定する．つまり $x(t)$ の自己相関関数 $R_x(t,t')$ は

$$R_x(t,t') = E\{x(t)x(t')\} = R_x(t-t')$$

となり時間差 $t-t'$ のみの関数となる．一方，時不変線形システムの出力信号 $y(t)$ も定常確率過程になる．何故ならば入出力間の（時間的に確定した）インパルス関数を $h(t)$ とすると

$$y(t) = \int_{-\infty}^{\infty} h(\tau)x(t-\tau)d\tau$$

よって出力信号の自己相関関数 $R_y(t,t')$ は

$$R_y(t,t') = E\{y(t)y(t')\} = E\left\{\int_{-\infty}^{\infty} h(\tau)x(t-\tau)d\tau \int_{-\infty}^{\infty} h(\tau')x(t'-\tau')d\tau'\right\}$$
$$= \int_{-\infty}^{\infty} h(\tau)\int_{-\infty}^{\infty} h(\tau')E\{x(t-\tau)x(t'-\tau')\}d\tau d\tau'$$
$$= \int_{-\infty}^{\infty} h(\tau)\int_{-\infty}^{\infty} h(\tau')R_x(t-\tau-t'+\tau')d\tau d\tau'$$
$$= R_y(t-t')$$

となり，出力信号 $y(t)$ も定常過程となる．

次に入出力間の相互相関 $R_{yx}(t,t')$ を求める．

$$R_{yx}(t,t') = E\{y(t)x(t')\} = E\left\{\int_{-\infty}^{\infty} h(\tau)x(t-\tau)d\tau x(t')\right\}$$
$$= \int_{-\infty}^{\infty} h(\tau)E\{x(t-\tau)x(t')\}d\tau = \int_{-\infty}^{\infty} h(\tau)R_x(t-t'-\tau)d\tau$$
$$= R_{yx}(t-t')$$

となり，やはり時間差 $t-t'$ のみで決定されることが分かる．こうして相互相関 $R_{yx}(t)$ は入力信号の自己相関関数 $R_x(t)$ とインパルス関数 $h(t)$ との畳み込み積分で与えられる．さらにそれらのフーリエ変換を行えば，伝達関数は

$$H(\omega) = \frac{P_{yx}(\omega)}{P_x(\omega)}$$

で与えられることが分かる．勿論，このような確率統計的な手法以外にも $x(t) = \exp(j\omega t)$ という確定信号を入力し $y(t) = H(\omega)\exp(j\omega t)$ という確定した出力信号 $y(t)$ を測定して伝達関数 $H(\omega)$ を推定することもできる．

13.2 TRL 回路校正

基準校正回路の測定値を事前に測定しておくことによって，測定対象の回路特性を抽出することができる．ここでは **TRL** と呼ばれる回路校正法を紹介する．TRL 法はマイクロ波測定器の校正法として知られ広く使われている．手順としては Thru, Reflection, Line と呼ばれる校正回路要素を測定してみて，それらに含まれている寄生の不完全性を同定する．次に測定対象の 2 ポート（もしくは 1 ポート）回路（**DUT**（Device Under Test））の S パラメタを校正回路要素の不完全性を考慮して推定する．まず基準参照面までの不完全部分（**Error Box** と呼んだりする）の 2 ポート回路の未知の S パラメタを $(S_{11}, S_{21}, S_{12}, S_{22})$ とする．

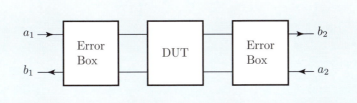

図 13.1

SFG の計算法を適用することによって Thru, Reflection, Line 3 つの接続状態における S パラメタが以下のように求められる．ただし，簡単のため Thru 接続の場合の S パラメタを T_{11}, T_{12} などと表記することにする．

(1) **Thru 接続**：

$$T_{11} = S_{11} + \frac{S_{22}S_{12}^2}{1 - S_{22}^2}$$

$$T_{12} = \frac{S_{12}^2}{1 - S_{22}^2}$$

(2) **Reflect 接続**：反射係数 $\varGamma_\mathrm{L}$（未知）

$$R_{11} = S_{11} + \frac{\varGamma_\mathrm{L} S_{12}^2}{1 - S_{22}\varGamma_\mathrm{L}}$$

(3) **Line 接続**：伝搬定数 $\gamma \times$ 線路長 l （未知）

$$L_{11} = S_{11} + \frac{S_{22}S_{12}^2\exp(-2\gamma l)}{1 - S_{22}^2\exp(-2\gamma l)}$$

$$L_{12} = \frac{S_{12}^2\exp(-2\gamma l)}{1 - S_{22}^2\exp(-2\gamma l)}$$

詳細は省略するが，これらから $\exp(2\gamma l), S_{11}, S_{22}, S_{12}^2, \varGamma_\mathrm{L}$ などの**校正素子**の未知パラメタが導出できる．こうして Error Box の S パラメタが推定できるので Error Box と測定対象回路を縦続接続した系の S パラメタから測定対象回路のみの S パラメタが抽出でき実質的に測定系の誤差を除去できることになる．

13 章 の 問 題

☐ **1** TRL 校正手順で得られた測定値 $(T_{11}, T_{12}, R_{11}, L_{11}, L_{12})$ から Error Box の S パラメタと R 測定時の未知反射係数 $\varGamma_\mathrm{L}$ と L 測定時の伝送線路伝達係数 $\exp(-\gamma l)$ を求めよ．

問題解答

第1章

1 $s(t)$ を時間関数とすると周波数領域で定義されるそのフーリエ変換 $S(f)$ は

$$S(f) = \int_{-\infty}^{\infty} s(t) \exp(-j2\pi ft) dt$$

である．また周波数領域から時間領域への変換公式である逆フーリエ変換は

$$s(t) = \int_{-\infty}^{\infty} S(f) \exp(j2\pi ft) df$$

である．

2 一般に δ 関数には任意の通常の関数 $F(x)$ に対して

$$\delta(t) = 0 \quad (t \neq 0)$$

$$\int_{-\infty}^{\infty} \delta(t) dt = 1$$

$$F(x) = \int_{-\infty}^{\infty} F(y) \delta(y-x) dx$$

という性質が成立する．先程の逆フーリエ変換，フーリエ変換の関係を再掲すると

$$\begin{aligned} s(t) &= \int_{-\infty}^{\infty} S(f) \exp(j2\pi ft) df \\ &= \int_{-\infty}^{\infty} \int_{-\infty}^{\infty} s(t') \exp(j2\pi ft') dt' \exp(-j2\pi ft) df \\ &= \int_{-\infty}^{\infty} \int_{-\infty}^{\infty} s(t') \exp\{j2\pi (t'-t)f\} df dt' \\ &\therefore \quad \delta(t'-t) = \int_{-\infty}^{\infty} \exp\{j2\pi (t'-t)f\} df \end{aligned}$$

と積分形で表現できる．つまり，全ての周波数の単振動波形を同じ振幅で重ね合わせると時間領域で局在する δ 関数となる．

第 2 章

1 (1)
$$Z_\mathrm{in}(\omega) = R + j\omega L + \frac{1}{j\omega C}$$

(2)
$$Z_\mathrm{in}(\omega)|I|^2 = R|I|^2 + j\omega L|I|^2 + \frac{\omega C|V|^2}{j}$$
$$= P + j2\omega(W_\mathrm{m} - W_\mathrm{e})$$

なぜならば，V を C の両端の電圧と定義すると
$$V = \frac{I}{j\omega C}$$

であるので
$$\frac{|I|^2}{j\omega C} = \frac{|V|^2 \omega C}{j}$$

と書けるから．

(3) 入力リアクタンスは $X = \omega L - \frac{1}{\omega C}$ であるから $X = 0$ となる ω は
$$\omega_\mathrm{r} = \frac{1}{\sqrt{LC}}$$

また
$$X|I|^2 = 2\omega(W_\mathrm{m} - W_\mathrm{e})$$

であるので直列共振時（$X = 0$）には
$$W_\mathrm{m} = W_\mathrm{e}$$

が成立していることになる．

第3章

1 n ポート回路への入射波ベクトルを $\bm{a} = [a_1, a_2, \ldots, a_n]^t$, 反射波ベクトルを $\bm{b} = [b_1, b_2, \ldots, b_n]^t$ とすると回路への全入射波電力は $|\bm{a}|^2$. また全反射波電力は $|\bm{b}|^2$ であるので回路の無損失性から

$$|\bm{a}|^2 = |\bm{b}|^2 = \bm{a}^\dagger \bm{a} = \bm{b}^\dagger \bm{b}$$

が成立する．一方，$[S]$ 行列の定義より

$$\bm{b} = [S]\bm{a}$$

であるので

$$\bm{b}^\dagger \bm{b} = \bm{a}^\dagger [S]^\dagger [S] \bm{a}$$

となる．よって

$$I = [S]^\dagger [S]$$

つまり $[S]$ 行列はユニタリ行列になる．

2 受動性より $|\bm{a}|^2 \geqq |\bm{b}|^2$ であるので $[I - S^\dagger S]$ は非負定値行列となる．さらに $[S] = [\bm{S}_1, \bm{S}_2, \ldots, \bm{S}_n]$ と列ベクトルで表現すると

$$|\bm{S}_1| \leqq 1, \quad |\bm{S}_2| \leqq 1, \quad \ldots, \quad |\bm{S}_n| \leqq 1$$

となるのでアダマール（Hadamard）不等式より

$$|\det [S]| \leqq 1$$

となり，受動回路の $[S]$ 行列の行列式の絶対値は 1 を超えないことがわかる．特に $|\det [S]| = 1$ となる場合は無損失回路に限られることがいえる．

第4章

1 この回路のダイナミックスは

$$V(t) = L\frac{dI(t)}{dt} + RI(t)$$

となる．$V(t)$ が δ 関数の場合の電流 $I(t)$ がインパルス関数である．よって $t > 0$ の場合

$$L\frac{dI(t)}{dt} + RI(t) = 0$$

$$\therefore \quad I(t) = A\exp\left(-\frac{t}{\tau}\right)$$

ただし，$\tau = \frac{R}{L}$ は時定数．次に $t = 0$ での跳躍量から

$$1 = LI(+0)$$

$$\therefore \quad A = I(+0) = \frac{1}{L}$$

こうしてインパルス関数 $h(t)$ が求められる．

$$h(t) = \begin{cases} \frac{\exp\left(-\frac{t}{\tau}\right)}{L} & (t \geqq 0) \\ 0 & (t < 0) \end{cases}$$

一般の場合には連続時間系時不変線形回路であるので $I(t)$ は $V(t)$ と $h(t)$ との畳み込み積分で与えられる．つまり

$$I(t) = \int_0^\infty V(t-t')h(t')dt'$$

$$= \int_0^\infty V(t-t')\exp\left(-\frac{t'}{\tau}\right)\frac{dt'}{L}$$

第 5 章

1 無損失相反 2 ポート回路の基本行列 $[F]$ は

$$[F] = \begin{bmatrix} A & jB \\ jC & D \end{bmatrix}$$

と表現できる．ただし，A, B, C, D は実数であり，

$$AD + BC = 1$$

の制約条件を満足している．ここで ♯2 ポートに負荷インピーダンス Z_L を接続したとすると ♯1 ポートから見込んだ入力インピーダンス Z_in は

問題解答 169

$$Z_{\text{in}} = \frac{V_1}{I_1} = \frac{AV_2 + jBI_2}{jCV_2 + DI_2}$$

となる．また

$$Z_{\text{L}} = \frac{V_2}{I_2}$$

であるので

$$\begin{aligned} Z_{\text{in}} &= \frac{AZ_{\text{L}} + jB}{jCZ_{\text{L}} + D} \\ &= -j\frac{A}{C} + \frac{j}{C}\frac{AD + BC}{jCZ_{\text{L}} + D} \\ &= -j\frac{A}{C} + \frac{\frac{1}{C^2}}{Z_{\text{L}} - j\frac{D}{C}} \end{aligned}$$

と表現できる．つまり

(1) $$Z_{\text{L}} \to Z_{\text{L}} - j\frac{D}{C}$$

の変換は $-j\frac{D}{C}$ の直列リアクタンス接続であり

(2) $$Z_{\text{L}} - j\frac{D}{C} \to \frac{1}{Z_{\text{L}} - j\frac{D}{C}}$$

の変換はインピーダンスインバータである．また

(3) $$\frac{1}{Z_{\text{L}} - j\frac{D}{C}} \to \frac{\frac{1}{C^2}}{Z_{\text{L}} - j\frac{D}{C}}$$

の変換は理想変成器である．さらに

(4) $$\frac{\frac{1}{C^2}}{Z_{\text{L}} - j\frac{D}{C}} \to Z_{\text{in}} = -j\frac{A}{C} + \frac{\frac{1}{C^2}}{Z_{\text{L}} - j\frac{D}{C}}$$

の変換は再び $-j\frac{A}{C}$ の直列リアクタンス接続である．

こうして3種類の無損失相反2ポート回路の縦続接続で任意の無損失相反2ポート回路が実現できることが分かる．

第6章

1 LPFはリアクタンス2ポート回路で実現するものとする．そして出力ポートの負荷抵抗と入力ポートの基準抵抗はともにRとする．2次最平坦特性LPFであるので，

電力伝達係数 $|S_{21}|^2$ は

$$|S_{21}|^2 = \frac{1}{1+\left(\frac{\omega}{\omega_c}\right)^4}$$

となる．ただし，ω_c は遮断角周波数．さて 2 ポート回路の無損失性から

$$|S_{11}|^2 = 1 - |S_{21}|^2 = \frac{\left(\frac{\omega}{\omega_c}\right)^4}{1+\left(\frac{\omega}{\omega_c}\right)^4}$$

次に，複素角周波数 $s = j\omega$ で表現すると

$$|S_{11}|^2 = S_{11}(s)S_{11}(-s) = \frac{\left(\frac{s}{\omega_c}\right)^4}{1+\left(\frac{s}{\omega_c}\right)^4}$$

となる．さらに因数分解すると

$$\frac{\left(\frac{s}{\omega_c}\right)^4}{1+\left(\frac{s}{\omega_c}\right)^4} = \frac{\left(\frac{s}{\omega_c}\right)^2}{1+\sqrt{2}\frac{s}{\omega_c}+\left(\frac{s}{\omega_c}\right)^2} \frac{\left(-\frac{s}{\omega_c}\right)^2}{1-\sqrt{2}\frac{s}{\omega_c}+\left(\frac{s}{\omega_c}\right)^2}$$

$$\therefore \quad S_{11}(s) = \frac{\left(\frac{s}{\omega_c}\right)^2}{1+\sqrt{2}\frac{s}{\omega_c}+\left(\frac{s}{\omega_c}\right)^2}$$

一方，入力インピーダンス Z_in は

$$Z_\mathrm{in} = R\frac{1+S_{11}(s)}{1-S_{11}(s)}$$

$$= R\frac{2\left(\frac{s}{\omega_c}\right)^2 + \sqrt{2}\frac{s}{\omega_c}+1}{\sqrt{2}\frac{s}{\omega_c}+1}$$

$$= R\left(\sqrt{2}\frac{s}{\omega_c} + \frac{1}{\sqrt{2}\frac{s}{\omega_c}+1}\right)$$

こうして 2 ポート回路の LPF は直列接続の

$$L = R\frac{\sqrt{2}}{\omega_c}$$

と並列接続の

$$C = \frac{\sqrt{2}}{R\omega_c}$$

で実現できることがわかる．

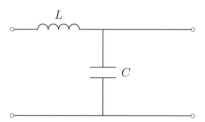

第7章

1 (1) $2n$ ポート回路が無損失であるので

$$[I] = [S]^\dagger [S] = \begin{bmatrix} [O] & [S_{12}]^\dagger \\ [S_{21}]^\dagger & [O] \end{bmatrix} \begin{bmatrix} [O] & [S_{21}] \\ [S_{12}] & [O] \end{bmatrix}$$

$$= \begin{bmatrix} [S_{12}]^\dagger [S_{12}] & [O] \\ [O] & [S_{21}]^\dagger [S_{21}] \end{bmatrix}$$

$$\therefore \quad [I] = [S_{12}]^\dagger [S_{12}] = [S_{21}]^\dagger [S_{21}]$$

つまり，$[S_{12}], [S_{21}]$ はユニタリ行列になる．

(2) 入力側の n 次元反射波ベクトルを $\boldsymbol{b}_1$ とすると

$$\boldsymbol{b}_1 = [S_{12}] \boldsymbol{a}_2 = [S_{12}][S_\mathrm{L}] \boldsymbol{b}_2 = [S_{12}][S_\mathrm{L}][S_{21}] \boldsymbol{a}_2$$

よって $[S_{12}][S_\mathrm{L}][S_{21}]$ が入力側の n ポートから見込んだ $[S]$ 行列となる．

第8章

1 電源が 3 個あり，送信系や負荷系に回転対称性がある場合，全体の回路解析は 3 次元の固有値問題に帰着される．そして，3 個の固有ベクトル

$$[1, \omega, \omega^2]^t, \quad [1, \omega^2, \omega]^t, \quad [1, 1, 1]^t$$

に対応した励振方法に対する応答をそれぞれ正相成分，逆相成分，零相成分と呼んでいる．ただし，$\omega = \exp\left(j\frac{2\pi}{3}\right)$ で 1 の 3 乗根．

第9章

1 IIR 型のデジタルフィルタの伝達関数 $H(z)$ は z の有理関数で表現できる．

$$H(z) = \frac{A(z)}{B(z)}$$

ただし，$A(z), B(z)$ は z の多項式で $z = \exp(-j\omega T)$ である．また T は時系列の時間間隔である．

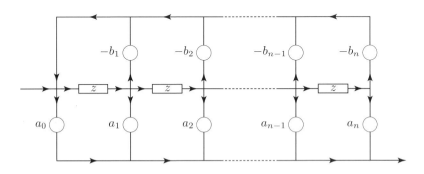

そして

$$A(z) = \sum_{r=0}^{n} a_r z^r$$

$$B(z) = 1 + \sum_{r=1}^{n} b_r z^r$$

と定義すると順方向のシグナルフローの乗算器の係数は

$$a_0, a_1, \ldots, a_n$$

となる．ただし，遅延器は n 個縦続に接続されているものとする．

一方，逆方向のシグナルフローの乗算器の係数は

$$-b_1, -b_2, \ldots, -b_n$$

である．なぜならば入力ポートに帰還される時系列の z 変換は

$$U(z) = (-zb_1 - z^2 b_2 - \cdots - z^k b_n)W(z)$$

となる．ただし，$W(z)$ は初段の遅延器への入力時系列の z 変換とする．さらに入力時系列の z 変換を $V(z)$ とすると

$$W(z) = V(z) + U(z)$$
$$= V(z) + (1 - B(z))W(z)$$
$$= \frac{V(z)}{B(z)}$$

そこで出力時系列の z 変換を $S(z)$ とすると

$$S(z) = A(z)W(z)$$
$$= \frac{A(z)}{B(z)}V(z)$$

となる．つまり伝達関数 $H(z)$ は

$$H(z) = \frac{A(z)}{B(z)}$$

となる．

第 10 章

1 回路は 2 段の正帰還型発振回路を構成している．そしてループ中の共振回路のインピーダンスが無限大となる共振周波数で発振条件を満たすようになる．共振周波数は容量を可変して変化させる．可変容量素子としては PN 接合ダイオードや MOS 構造の空乏層を利用する．また，発振波形の位相雑音を抑圧するために大きな無負荷 Q 値が必要になるが，コイルは無負荷 Q を大きくする手段として，チップ上に絶縁材料膜を作り，厚い電極で構成するなどの工夫がなされる．

なおこの回路は差動動作回路なので出力端子が out-A と out-B の対になっている．

第 11 章

1 回路の対称性より $[S]$ 行列は

$$[S] = \begin{bmatrix} S_{11} & S_{12} & S_{12} \\ S_{12} & S_{22} & S_{23} \\ S_{12} & S_{23} & S_{22} \end{bmatrix}$$

となる．そこで 2 通りの固有励振を考える．

1. 偶励振：$a_2 = a_3$

この場合には吸収抵抗の両端の電位差は 0 であるので吸収抵抗は一切回路動作には寄与しない．またポート ♯1 の基準インピーダンスは $2Z_0$ が並列になって最終的に Z_0 になっていると見なすことができる．

$$b_1 = S_{11}a_1 + 2S_{12}a_2$$
$$b_2 = S_{12}a_1 + (S_{22} + S_{23})a_2 = b_3$$

つまりポート ♯2 から眺めた入力インピーダンスは

$$\frac{(\sqrt{2}Z_0)^2}{2Z_0} = Z_0$$

となり整合が取れている．

$$S_{11} = 0$$

同様にポート ♯1 から眺めた入力インピーダンスは 2 本の線路が並列に接続されているので

$$\frac{(\sqrt{2}Z_0)^2}{\frac{Z_0}{2}} = Z_0$$

となり，やはり整合が取れている．

$$\therefore \quad S_{22} + S_{23} = 0$$

2. 奇励振：$a_2 = -a_3$

この場合はポート ♯1 と吸収抵抗の中間点で零電位となる．そこでポート ♯2 から眺めた入力インピーダンスは吸収抵抗値の半分，つまり Z_0 となるので整合が取れていることが分かる．

$$\therefore \quad S_{22} - S_{23} = 0$$

以上のことから

$$[S] = \begin{bmatrix} 0 & S_{12} & S_{12} \\ S_{12} & 0 & 0 \\ S_{12} & 0 & 0 \end{bmatrix}$$

となり，さらに入出力間の位相差と電力分配比を考慮すると

$$S_{12} = -\frac{j}{\sqrt{2}}$$

となることが分かる．

こうして全てのポートで整合が取れていて，また2つの出力ポート間も完全なアイソレーションが取れていることが分かる．

第12章

1 ダイバーシティ合成の重みベクトルを $\bm{w} = [w_1, \ldots, w_N]^t$ とする．ダイバーシティ合成後の信号は

$$s(h_1 w_1 + \cdots + h_N w_N)$$

となる．ただし，s は送信信号．よって合成受信電力は

$$P_\mathrm{r} = P_\mathrm{s} |h_1 w_1 + \cdots + h_N w_N|^2$$

となる．ただし，$P_\mathrm{s} = \langle |s|^2 \rangle$．

一方，受信雑音は

$$n_1 w_1 + \cdots + n_N w_N$$

となる．ただし，$n_1, \ldots, n_N$ は N 個の受信機の加法性雑音で平均値は 0 で統計的に独立で同一の分布に従うとする．よって平均受信雑音電力は

$$\langle |n_1 w_1 + \cdots + n_N w_N|^2 \rangle = P_\mathrm{n} |\bm{w}|^2$$

となる．ただし $P_\mathrm{n} = \langle |n_1|^2 \rangle = \cdots = \langle |n_N|^2 \rangle$．

以上のことからフェージング環境にある瞬時の SNR は

$$\frac{P_\mathrm{s} |h_1 w_1 + \cdots + h_N w_N|^2}{P_\mathrm{n} |\bm{w}|^2}$$

となるので，この瞬時 SNR を最大にする $\bm{w} = [w_1, \ldots, w_N]^t$ はコーシー–シュワルツの不等式より

$$|h_1 w_1 + \cdots + h_N w_N|^2 \leqq |[h_1, \ldots, h_N]|^2 |[w_1, \ldots, w_N]|^2$$

なお等号成立は $[h_1, \ldots, h_N]$ が $[w_1, \ldots, w_N]^*$ の定数倍の場合に限られる．

$$\therefore \quad \text{Max}\left\{\frac{P_s|h_1w_1+\cdots+h_Nw_N|^2}{P_n|\boldsymbol{w}|^2}\right\} = \frac{P_s|\boldsymbol{h}|^2}{P_n}$$

なお確率変数 $|\boldsymbol{h}|^2$ の確率密度関数は $|h_i|^2$ $(i=1,\ldots,N)$ が指数分布に従うので

$$\text{pdf}(|\boldsymbol{h}|^2) = \frac{|\boldsymbol{h}|^{2(N-1)}}{(N-1)!}\frac{\exp(-|\boldsymbol{h}|^2)}{P_n}$$

となる.

第 13 章

1 $T_{11}, T_{12}, L_{11}, L_{12}$ から S_{22} と $\exp(\gamma l)$ に関する連立方程式を得る.

$$L_{12}\exp(2\gamma l) - L_{12}S_{22}^2 = T_{12}\exp(\gamma l) - T_{12}S_{22}^2\exp(\gamma l)$$
$$\exp(2\gamma l)(T_{11}-S_{22}T_{12}) - T_{11}S_{22}^2 = L_{11}(\exp(2\gamma l)-S_{22}^2) - S_{22}T_{12}$$

これより $\exp(\gamma l)$ は 2 次方程式の解で与えられる.

$$\exp(\gamma l) = \frac{L_{12}^2 + T_{12}^2 - (T_{11}-L_{11})^2 \pm \sqrt{\{L_{12}^2+T_{12}^2-(T_{11}-L_{11})^2\}^2 - 4L_{12}^2T_{12}^2}}{2L_{12}T_{12}}$$

さらに Error Box の S パラメタは

$$S_{22} = \frac{T_{11}-L_{11}}{T_{12}-L_{12}\exp(-\gamma l)}$$
$$S_{11} = T_{11} - S_{22}T_{12}$$
$$S_{12}^2 = T_{12}(1-S_{22}^2)$$

となる.また反射係数 Γ_L は

$$\Gamma_L = \frac{R_{11}-S_{11}}{S_{12}^2 + S_{22}(R_{11}-S_{11})}$$

となる.

あとがき

発見の旅とは，新しい景色を探すことではない．
新しい目で見ることなのだ．

―― プルースト

　これまで回路・システム・信号処理の広範な分野から重要と思われる話題を幾つか取り上げて，その基本的な考え方を説明してきた．読者がこうした分野に携わる上で少しでも参考になれば，著者としては望外の喜びである．

索　引

あ　行

アダマール系列　127
アドミタンス行列　20
アナログフィルタ　100
アンテナの指向性　12

位相雑音　107
位相シフト型イメージ抑圧ミキサ　92
位相定数　120
一般化チェビシェフ多項式　60
イメージ成分　92
インダクタンス　39
インパルス応答関数　34
インパルスレスポンス関数　26
インピーダンスインバータ　23, 123
インピーダンス行列　20

ウィナー–ヒンチンの定理　150
ウィナーフィルタ　66
ウィルキンソン2分岐電力分配器　142

影像パラメタ　79
円–円写像　78
演算増幅器　41, 42, 104
円偏波　130

オームの法則　39

か　行

回帰推定　30
開放条件　20
開放電圧　46
回路設計　29, 58
回路不変量　54
回路保存量　13
ガウス分布　110
可観測性　8, 26
可換電力　145
可逆回路　22
確率的線形回路　144
可制御性　8, 26
カテゴリ分類　30
過渡域　58
可変性　5
干渉電力　154
還流場　50

記憶素子　101
帰還ループ　104
基準校正回路　163
基本行列　20
基本波ミキサ　89
奇モード伝送　138
逆システム　160
逆相端子　41
逆離散フーリエ変換　146
逆F級　114
強化学習問題　30
教師信号　160
教師付き学習問題　29
教師なしの学習問題　30
共役整合　48, 116

索　　引

局発信号　92
キルヒホッフ電圧測　38
キルヒホッフ電流測　38

偶モード伝送　138
グラフデターミナント　29
クロック信号　100
クロネッカーのデルタ記号　146
群遅延特性　13

コイル　39
高域通過フィルタ　43
校正素子　164
後退波　121
高調波処理　115
高調波ミキサ　89
コーシー–シュワルツの不等式　157
固有モード　3
固有励振　127
コンデンサ　40

さ　行

サーキュレータ　94
歳差運動　23
最小雑音指数　145
最大比合成　156
最適化　29
最平坦フィルタ　59
再放射　132
サセプタンス行列　49
雑音電力　155
差動回路　82
差動モード伝送　138
サンプリング間隔　5
散乱行列　20
散乱再放射電力　133
磁化フェライト　23

シグナルフローグラフ　27
時系列　5
自己相関関数　36
指数分布　156
システム同定　29
時定数　25
時不変性回路　8
時不変性システム　8
時不変線形集中定数回路　2
ジャイレータ　22
斜入射反射特性　53
周期時変性回路　8
従属電源　13
集中定数回路　12
周波数変換　8
周波数変換機能　89
ジュール熱　144
受信電力　133
出力関数　34
巡回性　94
巡回プリフィックス　161
状態推移関数　34
自律系　4
自律系回路　104
自励系　4
信号対雑音比　155
信号電力　154
振幅雑音　107

スイッチドサンプリングフィルタ　5
スイッチング電源回路　100
スミスチャート　81, 122

整合条件　20
整合フィルタ　157
正相端子　41
静電容量　40
積分操作　42

接点　38
全域通過回路　84
線形性　9
前進波　121
全2重通信　135

相互相関関数　36
相似変換　145
相反回路　22
双1次関数　78
阻止域　58

た 行

ダイバーシティ技術　155
ダイバーシティ受信　155
楕円関数　63
楕円フィルタ　62
畳み込み積分　26
畳み込み符号　101
他励系　4
短絡条件　20

チェビシェフフィルタ　60
蓄積エネルギー　13
蓄積磁気エネルギー　49
蓄積電気エネルギー　49
中心極限定理　24, 110
注入同期発振　107
超関数　35
直列共振周波数　18

通過域　58

低域通過フィルタ　43
抵抗　40
抵抗値　40
低雑音増幅器　24
定常な確率過程　36
定数倍操作　42

逓倍器　107
デジタルフィルタ　100
電圧制御電流源　13
電圧制御発振器　117
電源の移動定理　46
電信方程式　120
伝達関数　2, 26, 36
伝達行列　20
伝達係数　52
電波吸収体　69
電流電荷の連続式　40
電力スペクトル　150
電力増幅器　9
電力伝達関数　63
電力反射係数　70
電力付加効率　112

透過係数　21, 27
動作変数　13
同相モード伝送　138
等リップル多項式　59
等リップル特性　59
特性インピーダンス　121, 125
特性モード解析　68
ドハティ増幅器　113
ドレイン効率　111

な 行

内部状態変数　3

入射電圧波　20
入力インピーダンス　23
入力反射係数　79

熱雑音　40

ノートンの定理　48

は行

白色雑音　144
白色雑音過程　37
波長　120
発振回路　4, 104
バトラーマトリックス　147
ハミング重み　101
ハミング距離　101
パラメトリック回路　90
汎化能力　30
反射係数　21, 27, 70
反射電圧波　20
半値幅　77
反復インピーダンス　52, 124

非可逆回路　23
非可制御性　8
引き込み可能範囲　107
非線形強制振動　107
非線形性　9
ビット誤り率　155
微分操作　42

ファラデーの電磁誘導法則　39
フィルタ　4
フーリエ変換　5
フェージング　155
フォスターの定理　49
負荷反射係数　79
複素共振周波数　68
符号間干渉　152
符号間干渉電力比　153
負周波数　93
ブランチライン　127
ブランチラインカプラー　130
フロケの定理　89
ブロック伝送　161
分周器　8, 107

分波器　43
分布結合線路　138
分布定数回路　12, 120

平衡型増幅器　130
平衡–非平衡変換回路　141
閉ループ　38

ポアソン分布　151
鳳–テブナンの定理　46
ポート　3
ポリフェーズフィルタ　92

ま行

マーチャントバラン　141
マイクロ波回路　3

ミキサ　8, 89

無記憶性回路　5
無記憶性非線形回路　108
無条件安定性　115
無線伝送チャンネル　88
無損失相反回路　49

メーソンの公式　29
メーラーの公式　110
メビウス変換　78

目的関数　29

や行

ヤコビの楕円関数　63

有限性　12
有能電力　48
有理性　12
歪み補償法　115

ら行

ライス分布　156
ラットレース回路　131
リアクタンス行列　49
リアクタンス変成器　15
離散時間系回路　5
離散周波数　146
離散フーリエ変換　146
流通角　112
レイズドコサインフィルタ　157
レイリー分布　156
レトロ方向散乱体　148
連続時間系回路　5
ロールオフ率　157
ローレンツ形　152
ロレット数　116

わ行

湧き出し場　50

数字・欧字

χ^2 分布　156

A級動作　112

B級動作　112
BER　155

C級動作　112

DFT　146
DUT　163

Error Box　163

F級　114

FET　112
FF　101
FFT　150
FIR フィルタ　99

HPF　43

IIR フィルタ　99

LINCS　113
Line 接続　163
LPF　43

MRC ダイバーシティ合成　156

n 次エルミート多項式　110
n 次チェビシェフ多項式　59
N 点 DFT　95
N-path 可変フィルタ　100

OFDM　94, 161
OFDM 信号　110
OPA　42

PLL　107

Reflect 接続　163
RF 信号　92

SFG　27
SIR　153
SNR　155
SSB　92

Thru 接続　163
TRL　163

VCO　117

Y 結線　90

z 変換　5, 98

著者略歴

荒木　純道（あらき　きよみち）

1978 年　東京工業大学大学院理工学研究科博士課程修了
現　在　東京工業大学工学院電気系研究員
　　　　東京工業大学名誉教授，工学博士
専門：無線通信工学，符号理論，暗号理論，マイクロ波工学

主要著訳書

通信伝送工学（共著，培風館，2010）
ソフトウエア無線の基礎と応用（共著，リアライズ理工センター，2002）
電磁気学演習I（共著，昭晃堂，1982）
光・電波伝送入門（共訳，森北出版，1985）

電子・通信工学＝EKR-5

回路とシステム論の基礎
―電気回路論と通信理論―

2019 年 3 月 10 日 ⓒ　　　　　　　初　版　発　行

著　者　荒木純道　　　　発行者　矢沢和俊
　　　　　　　　　　　　印刷者　杉井康之
　　　　　　　　　　　　製本者　米良孝司

【発行】　　　　株式会社　数理工学社
〒151-0051　東京都渋谷区千駄ヶ谷1丁目3番25号
編集 ☎(03)5474-8661(代)　　サイエンスビル

【発売】　　　　株式会社　サイエンス社
〒151-0051　東京都渋谷区千駄ヶ谷1丁目3番25号
営業 ☎(03)5474-8500(代)　　振替 00170-7-2387
FAX ☎(03)5474-8900

印刷 ディグ　　　　　　製本 ブックアート
《検印省略》

本書の内容を無断で複写複製することは，著作者および出版者の権利を侵害することがありますので，その場合にはあらかじめ小社あて許諾をお求め下さい。

サイエンス社・数理工学社のホームページのご案内
http://www.saiensu.co.jp
ご意見・ご要望は
suuri@saiensu.co.jp まで．

ISBN978-4-86481-059-3

PRINTED IN JAPAN

═══ 電子・通信工学 ═══

電気回路通論
電気・情報系の基礎を身につける
小杉幸夫著　2色刷・A5・上製・本体1800円

回路とシステム論の基礎
電気回路論と通信理論
荒木純道著　2色刷・A5・上製・本体1950円

論理回路
一色・熊澤共著　2色刷・A5・上製・本体2000円

ディジタル通信の基礎
ディジタル変復調による信号伝送
鈴木　博著　2色刷・A5・上製・本体2400円

制御工学の基礎
高橋宏治著　2色刷・A5・上製・本体2350円

電気電子物性工学
岩本光正著　2色刷・A5・上製・本体2100円

電磁波工学入門
高橋応明著　A5・上製・本体2100円

アナログ電子回路入門
髙木茂孝著　A5・上製・本体2000円

＊表示価格は全て税抜きです．

═══ 発行・数理工学社／発売・サイエンス社 ═══